高效种植致富直通车

茶高效栽培

主　编　王长君　田丽丽

副主编　姚元涛　宋鲁彬　马晓乐

参　编　贾厚振　刘腾飞　李玉胜　韩　伟

　　　　李　萌　薛培生　张雪丹

U0380000

机 械 工 业 出 版 社

本书包括茶树栽培与茶叶价值概述、茶树的生物学特性、茶树良种选育、新茶园建设、茶园土壤管理、茶园施肥、茶园灌溉、茶树修剪、茶叶采摘、低产茶园改造、茶树病虫害防治、茶树冻害及其防护技术，还附有茶高效栽培技术要点实例。内容全面翔实，图文并茂，通俗易懂，实用性强。另外，本书设有"提示""注意"等小栏目，可以帮助读者更好地掌握茶高效栽培的技术要点。

本书适合广大茶农、茶叶技术推广部门、茶叶生产者和经营者使用，也可供农业院校相关专业师生参考。

图书在版编目（CIP）数据

茶高效栽培/王长君，田丽丽主编. —北京：机械工业出版社，2015.6
（2023.3 重印）
（高效种植致富直通车）
ISBN 978-7-111-50287-6

Ⅰ.①茶⋯ Ⅱ.①王⋯②田⋯ Ⅲ.①茶树－高产栽培 Ⅳ.①S571.1

中国版本图书馆 CIP 数据核字（2015）第 103842 号

机械工业出版社（北京市百万庄大街 22 号 邮政编码 100037）
总 策 划：李俊玲 张敬柱 策划编辑：高 伟 郎 峰
责任编辑：高 伟 郎 峰 李俊慧 责任校对：王 欣
责任印制：张 博
保定市中画美凯印刷有限公司印刷
2023 年 3 月第 1 版第 5 次印刷
140mm × 203mm · 6.25 印张 · 177 千字
标准书号：ISBN 978-7-111-50287-6
定价：25.00 元

高效种植致富直通车
编审委员会

序

　　园艺产业包括蔬菜、果树、花卉和茶等，经多年发展，园艺产业已经成为我国很多地区的农业支柱产业，形成了具有地方特色的果蔬优势产区，园艺种植的发展为农民增收致富和"三农"问题的解决做出了重要贡献。园艺产业基本属于高投入、高产出、技术含量相对较高的产业，农民在实际生产中经常在新品种引进和选择、设施建设、栽培和管理、病虫害防治及产品市场发展趋势预测等诸多方面存在困惑。要实现园艺生产的高产高效，并尽可能地减少农药、化肥施用量以保障产品食用安全和生产环境的健康离不开科技的支撑。

　　根据目前农村果蔬产业的生产现状和实际需求，机械工业出版社坚持高起点、高质量、高标准的原则，组织全国20多家农业科研院所中理论和实践经验丰富的教师、科研人员及一线技术人员编写了"高效种植致富直通车"丛书。该丛书以蔬菜、果树的高效种植为基本点，全面介绍了主要果蔬的高效栽培技术、棚室果蔬高效栽培技术和病虫害诊断与防治技术、果树整形修剪技术、农村经济作物栽培技术等，基本涵盖了主要的果蔬作物类型，内容全面，突出实用性、可操作性、指导性强。

　　整套图书力避大段晦涩文字的说教，编写形式新颖，采取图、表、文结合的方式，穿插重点、难点、窍门或提示等小栏目。此外，为提高技术的可借鉴性，书中配有果蔬优势产区种植能手的实例介绍，以便于种植者之间的交流和学习。

　　丛书针对性强，适合农村种植业者、农业技术人员和院校相关专业师生阅读参考。希望本套丛书能为农村果蔬产业科技进步和产业发展做出贡献，同时也恳请读者对书中的不当和错误之处提出宝贵意见，以便补正。

中国农业大学农学与生物技术学院

前　言

　　我国是茶树原产地，人工栽培茶树有史稽考已有 3000 余年了。我国也是重要的茶叶生产和消费大国，茶树种质资源种类繁多。世界各国的茶种、茶苗最初都是从我国直接或间接传入的，而今，茶叶受到了世界人民的普遍喜爱，成了茶农们致富的支柱产业。

　　党的十八大以来，国家大力支持特色农产品的发展，茶农学习茶树高效栽培知识的积极性也越来越高。但市面上与茶树高效栽培技术相关的书籍，大都内容较简单，特别是茶树越冬防护的知识更少，就算有介绍，也只是蜻蜓点水。基于这种情况，编者组织了经验丰富的专业人士编写了本书，旨在帮助广大茶农尽快掌握茶叶生产栽培的科学技术，促进茶叶产业的发展。愿这本书成为茶农学习茶树高效栽培技术知识，走劳动致富之路的好帮手。

　　本书力求章节编排科学合理、语言通俗易懂，主要内容包括茶树栽培与茶叶价值概述、茶树的生物学特性、茶树良种选育、新茶园建设、茶园土壤管理、茶树施肥、茶园灌溉、茶树修剪、茶叶采摘、低产茶园改造、茶树病虫害防治、茶树冻害及其防护技术和茶树高效栽培技术要点实例，适合广大茶农、茶叶技术推广部门、茶叶生产者和经营者使用，也可供农林院校相关专业师生参考。

　　需要特别说明的是，本书所用药物及其使用剂量仅供读者参考，不可完全照搬。在实际生产中，所用药物学名、通用名和实际商品名称存在差异，药物浓度也有所不同，建议读者在用药时，参阅厂家提供的产品说明以确认药物用量、用药方法、用药时间及禁忌等。

　　在本书编写过程中，编者参引了许多专家、学者和同行们的研究成果和经验，在此表示衷心的感谢！

　　由于编者水平有限，书中难免存在疏漏和错误之处，恳请广大读者提出宝贵意见，以供再版时修正。

编　者

2014 年秋于茶学研究中心

目 录

第四章　新茶园建设

第五章　茶园土壤管理

第六章　茶园施肥

第七章 茶园灌溉

第八章 茶树修剪

第九章　茶叶采摘

第十章　低产茶园改造

第十一章　茶树病虫害防治

第十二章　茶树冻害及其防护技术

第十三章　茶高效栽培技术要点实例

附录　常见计量单位名称与符号对照表

参考文献

第一章
茶树栽培与茶叶价值概述

一 茶树栽培简史

茶树是中国最先发现、利用的一种饮料作物。目前世界上有 50 多个国家种茶，茶种都是直接或间接由我国传去的。中国西南部是茶树的原产地和茶业发源地。山茶属植物现有 200 多种，其中 90% 集中分布于我国西南部，以云南、广西、贵州三省区的邻接地带分布最为集中。我国茶树栽培经历了 5 个时期，分别介绍如下。

1. 茶树发现、利用的起始时期

一般推断茶的发现是在神农时代。在文献记载中我国是最早利用茶叶的，由于历史悠久，没有文字记载当时的史情，只能凭借历史上的一些文化遗迹和史料对当时的史事进行推论。根据研究确认，秦朝以前，即公元前 221 年以前定位为发现茶树和利用茶的起始时期。

2. 茶树栽培的扩大时期

秦汉到南北朝时期（公元前 221—589）是茶树栽培在巴蜀地区发展，并向长江中下游地区扩展的阶段；西汉时期，记载茶的文献逐渐增多。茶的利用日渐广泛，茶树栽培区域也日渐扩大。烹饮茶叶已成为人们日常生活中的习惯。

3. 栽培的兴盛时期

从隋唐至清（581—1911）是我国历史上茶叶生产的兴盛时期。唐代，中国北部已兴起饮茶风习，同时，今新疆、西藏、内蒙古、青海、辽宁、吉林、黑龙江等地的少数民族，也开始饮茶。中国当时已发展有八大茶区，包括今日中国南部各产茶省，并扩展到安徽中部、河南南部及陕西南部等地。宋代茶区进一步扩大，元代、明代已生产各类茶叶，传统的制茶方法已基本完备。清代开始发展茶叶对外贸易。茶区面积相应扩大，甘肃的文县，山东的莒县、海阳市、威海市文登区开始种茶。

4. 茶树栽培的衰落时期

清末至新中国成立前夕（1911—1949），中国受外国列强的侵略，内战不断，经济衰落，民不聊生。而国外植茶业逐渐发达，加工技术不断提高，导致世界茶价下降。我国茶业受到很大影响，茶园面积锐减，产量剧降，全国茶园面积仅 15.4 万公顷。

5. 新中国成立后茶业大发展时期

新中国成立后，对荒芜茶园重新开垦，对旧茶园进行改造，开辟了多达 54 万公顷的连片茶园，建起 300 多个大型茶场（厂），面积产量稳定增长。1983 年全国茶园面积达百万公顷，产茶 40 多万吨。在生产发展的同时，还先后建立了一些茶学研究机构；在全国开展了茶树品种资源调查和良种的选育与推广，1984 年国家级良种有 30 个，1987 年有 22 个，1995 年有 25 个。这样大大促进了茶业生产。目前，我国茶园面积居世界第一，茶叶产量居世界第一，2006 年茶叶出口量达到第一。

二 茶树栽培的发展方向

茶产业的发展以市场为向导，以科技为支撑，茶树栽培既是茶叶产业高产、优质、高效益的关键环节，又是茶叶研究和生产的薄弱环节。未来茶树栽培有以下几个发展方向。

1. 大量运用新技术

随着科学技术的不断发展，在茶树栽培及茶园管理中大量运用新技术已经成为必然发展趋势。

（1）生物技术的应用　为了不断创新培育新品种，充分利用特异茶树品种资源，生物技术必将在茶树育种的过程中发挥重要作用。

（2）施肥新技术的应用　主要包括化肥施用量最小化技术、肥料缓释技术、土壤改良技术及早期成园技术等。

（3）机械化生产技术的应用　茶园管理的机械化运作功能会更加齐全，对茶树修剪、施肥，茶叶采摘、运输及茶园耕作均实施机械化管理。

（4）信息技术的应用　为了提高茶园管理效果，应将地理信息技术、全球定位技术、遥感技术等信息技术应用其中，为实时监测茶园产量分布、农机管理、病虫害防治、灌溉用水状况及提供气象预测、作业导航服务奠定技术支撑。

2. 建立茶园循环农业模式

在茶园管理中构建循环农业模式，可以将茶叶生产系统内部的能源转化和物质循环，通过高新技术的作用使其成为良性循环、生态合理的农业生产系统，从而实现经济效益、环境效益和社会效益的同步增长。首先，要在茶园管理系统中重点建设清洁生产系统，实施绿色管理技术，努力减少物质和能量的投入量；其次，延伸茶叶产业链，使单一的茶叶产生系统转变为兼具多项产业的生产体系；再次，以茶业为中心，建设循环农业示范区，从而将茶业生产过程中所排放的废弃物能够转化为其他农业生产系统中所需要的能量。

3. 大力发展有机茶园管理技术

由于有机茶具备良好的经济、社会和生态效益，所以在未来的茶叶发展中有机茶必然会成为新的增长点。而有机茶园管理技术的不断完善和创新是大力发展有机茶的基础。发展有机茶园管理技术应从以下几个方面做起。首先，充分发挥龙头企业的领军作用，优化茶园生产布局，积极推广，联合科研、生产，扩大有机茶生产规模；其二，为了促进有机茶业的健康发展，应加大科技投入，解决茶园无公害防治、制作工艺改良、专业肥料开发及储运条件改善等问题；其三，构建茶园管理体系，通过建立健全质量监控体系、质量标准体系、市场流通管理体系等，使有机茶的整个产销过程都处于严格的管理约束之下，确保产品符合有机标准。

三　茶叶的价值

茶叶是人们日常生活中的健康饮料，是世界上无酒精的三大饮料之一（茶叶、咖啡、可可）。在华佗《食经》中有"久食益思"的记载，这些是符合科学道理的。茶叶含有不少营养物质，有些还有一定的药理作用。发展茶叶生产，有利于茶叶加工，满足人民生活需要；也有利于满足国际市场需要，支援国家建设；同时能活跃

3

山区经济，使农民尽快富裕起来。

我国是茶叶的原产地，茶叶的故乡，是世界上最早发现和利用茶叶的国家。世界各国的饮茶技艺和生产技术都是直接或间接从我国传入的。数千年来，我国在种茶、制茶、饮茶、茶文化等方面都做出了贡献。茶叶是我国出口增收的重要产品，远销世界上90多个国家，在国民经济中占有一定的地位。

1. 茶叶的营养价值和药理作用

喝茶对人体的好处很多，可以归纳为营养价值和药用价值两个方面。从营养价值来说，茶叶中含有蛋白质，占茶叶干重的15%～23%；茶叶所含的维生素如维生素 B_1、维生素 B_2、维生素 C、维生素 P、维生素 E、维生素 K 等，都是人体不可缺少的；茶叶中的无机物含量为4%～9%，其中所含的铜、铁具有生血功能；锰、锌等也有益健康；所含的氟能预防龋齿。

从药理方面茶叶含有多酚类、糖类、咖啡因、氨基酸、生物碱、矿物质、蛋白质、维生素、色素、芳香物质等。饮茶能生津止渴、提神醒酒、利尿解毒、消炎灭菌、清心明目、防蛀牙、助消化、降血压、防辐射、增强微血管的弹性，还可防癌、美容等。饮茶对人体具有很高的营养价值和药理作用，因此茶叶是我们国饮的健康饮料。

茶叶具有药理作用的成分主要是生物碱和多酚类。生物碱主要是指咖啡因，一般含量为2%～4%；还有可可碱约为0.05%；茶碱只有2～4mg/kg，在冲泡中，咖啡因约有80%能溶解在茶汤中。咖啡因是一种血管扩张剂，能促进发汗，刺激肾脏，有强心、利尿、解毒的作用。同时，它还具有刺激神经系统、促进思维活动、恢复肌肉疲劳的作用，其刺激性没有任何副作用。茶叶中的多酚类含量约占干物质总量的20%，多酚类的生理作用能增强微血管的弹性和渗透性，被广泛用作治疗微血管破裂引起的中风。同时，试验证明，茶叶具有抵抗因放射线照射引起的白细胞缺乏症。根据近年来对茶叶药理作用与临床应用的进一步深入研究表明，茶叶还有对慢性病如糖尿病、肾病的预防和治疗作用，同时能防治心血管病，增强免疫功能及防辐射和抗癌的作用。

2. 茶叶的经济效益

茶叶作为经济作物可扩大出口，增加外汇。我国茶叶驰名全球，在国际市场享有盛誉。近年来随着茶产业的发展，中国茶叶的出口量也逐年增加，2010年我国茶叶出口总量达到16.6万吨，出口金额高达7.84亿美元，为国家带来了财富。另外，发展茶叶可使山区人民增加收入，是山区人民脱贫致富的主要途径之一。

第二章
茶树的生物学特性

所属山茶科的茶树起源于上白垩纪至新生代第三纪的劳亚古大陆的热带和亚热带地区，至今已有6000万～7000万年的历史。在其漫长的地质气候变化过程中，茶树自然地形成了自己的形态特征、生物学特性、生理特性。人们要种好茶、制好茶首先就要了解茶树的这些特性，从而最终达到实现茶叶生产的高效、优质、高产。

第一节　茶树的形态特征

茶树是由根、茎、叶、花、果实和种子等器官组成的，它们分别执行着不同的生理功能。其根、茎、叶执行着养料及水分的吸收、运输、转化、合成和储存等功能，称为营养器官。其花、果实及种子完成开花结果至种子成熟的全部生殖过程，称为繁殖器官。它们之间密切联系，相互依存，相互协作。

一　根

茶树的根为轴状根系，由主根、侧根、细根、根毛组成。根系按其发根的部位和性状分为定根和不定根，它们均可发育成根系。主根和侧根上分生的根称为定根。而从茎、叶上产生位置不一定的根，统称为不定根。由扦插、压条等无性繁殖茶苗所形成的根，就是不定根，其中往往有两三条发育粗壮，外表上类似主根，并具有直根系的形态。主根和侧根的作用为固定、储藏和输导。吸收根为侧根前端呈乳白色的根，其表面密生根毛。主要吸收水分和无机盐，也能吸收少量二氧化碳，寿命短。根毛为吸收水分和养料的部位。主根、侧根分别呈棕灰色和棕红色；寿命长，起固定茶树的作用，并将须根从土壤中吸收的水分和矿质营养输送到地上部；同时，还能储藏地上部合成的有机养分，以供生长需要（图2-1）。

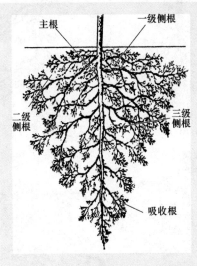

图2-1　茶树根系分布图

　　茶树根系的形态分布主要与树龄相关，幼年期茶树，主根生长迅速，根系主要向土壤深层发展，根长往往大于根幅；茶树成年以后，主根生长受阻，促使侧根生长和分支，使茶树根系由直根系逐渐向分枝根系发展，在栽培条件下的茶树根幅，一般可达120cm左右，根深为60~80cm。茶树进入衰老期后，根系又开始由外围向中心部位衰亡，特别是须根，相对集中于土壤表层。此外，根系的形态分布，还与繁殖方式、土壤条件、品种特性等有关（图2-2）。

　　（1）幼苗期　胚根伸长形成主根，它的长度往往比地上部分长，也比它的侧根长。吸收根发达，形成倒三角形。

　　（2）幼龄期（2~3年）　这一阶段根系生长旺盛、主根发达，可延伸地下达1~1.5m，表现为深根性的直根系。侧根在主根上呈层状分布，根深1m左右，有3~4层。如果土壤比较干旱板结，会导致根系的分层不明显。加深根系的分层，可以提高茶树对干旱、高温、寒冷环境的抗性。因此，开垦茶园时，要注意深层翻耕。

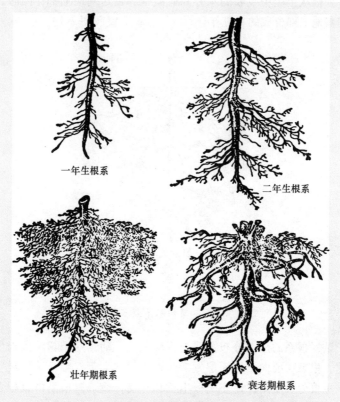

一年生根系

二年生根系

壮年期根系

衰老期根系

图 2-2　茶树根系的形态

　　（3）青壮年期（4 年以后）　主根生长逐渐受抑制，侧根很发达，与此同时各类功能根（吸收根、输导根、支持根）迅速生长形成庞大的根系。侧根强力伸长生长，主根不明显，形成了侧根系。

　　（4）衰老期（20 年以后）　这一阶段根颈发达，吸收根丛生于根颈上，大量分布在 5～10cm 深的表土层。侧根形成新根的能力衰退，根幅逐渐缩小，主根根端早已衰亡，形成浅根性的侧根系。

　　根系具有向肥性、向湿性、忌渍性和向土壤阻力小的方向生长。

生产上，改进田间管理、提高肥力、改良土壤结构、给根系创造良好的条件，是优质高产的重要措施。因此茶树的根系分布状况与生长动态是制定茶园施肥、耕作、灌溉等管理措施的主要依据。

二 茎

茎是联系茶树根与叶、花、果，输送水、无机盐和有机养料的轴状结构。茎和根所处的环境不同，在形态结构上也有很大差异。茎包括主干、侧枝，是形成树冠的主体，其主要功能是将根所吸收的水分和无机盐，以及根部合成的物质输送到叶、花、果，同时将叶片的光合作用产物输送到各器官，即起着输导、支持和储藏等作用。

自然生长的茶树，由于分枝部位的不同，通常分为乔木型、小乔木型和灌木型三类。乔木型茶树，植株高大，主干明显；小乔木型茶树，植株较高大，基部主干明显；灌木型茶树，植株较矮小，无明显主干。其中灌木型和小乔木型是我国主要的种植茶树类型（图2-3）。

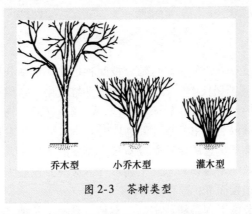

乔木型　　　小乔木型　　　灌木型

图2-3　茶树类型

茶树树冠形状按分枝角度不同，分为直立、半开展状（又称半披张）和开展（又称披张）状三种（图2-4）。直立状：分枝角度小（≤35°），枝条向上紧贴，近似直立；披张状：分枝角度大（≥45°），枝条向四周披张伸出；半披张状：分枝角度介于直立状和披张状之间。茶树的枝条按照位置和作用分可分为主干和侧枝，侧枝按照粗细和作用不同可分为骨干枝和细枝（生产枝）。主干由胚轴生育而成，指从根颈到第一级分枝的部位，通过对主干观察可以

9

区分茶树的类型。侧枝是主干上分生的枝条，依分枝级数而命名；由主干上长出的分枝，称为"一级分枝"，由一级分枝上长出的分枝为"二级分枝"，以此类推。主要由粗壮的一、二级分枝组成茶树冠的骨干枝，骨干枝的粗度是茶树骨架健壮的指标。细枝是树冠面上生长营养芽的枝条，是由叶芽发育而成。初期未木质化的枝条，称为新梢，其较柔软，生有茸毛，表皮青绿色，随新梢逐渐木质化，色泽由青绿色变浅黄，进而呈红棕色。2～3年生枝条变为暗灰色，老枝条为灰白色；细枝与形成新梢的数量和质量有密切关系。

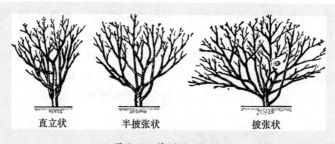

直立状　　　　　半披张状　　　　　披张状

图2-4　茶树树冠形状

茶树分枝有单轴分枝与合轴分枝两种形式。单轴分枝一般是在2～3龄以内的茶树枝干形式，主轴的顶芽继续生长，侧芽发育成侧枝，但主轴的生长和加粗较侧枝迅速，形成明显的主轴。合轴分枝主要是在4龄以后，主茎顶芽经一段时间生长后，便生长缓慢或死亡，而由顶芽下最近的侧芽长成新枝，继续向上生长，致使主轴偏斜，新枝生长一定时候又重复上述过程，这种分枝的主轴，实际是由许多侧枝连接而成，故称合轴。

根据季节的不同茶树新梢也有春梢、夏梢、秋梢之分，春梢的特点是持嫩性较好，生长快，含氨化合物；夏梢展叶较快，持嫩性较差，茶多酚含量较高；秋梢在适宜的条件下生长较快，品种较好。

三　芽和叶

1. 芽

茶芽有叶芽和花芽两种，叶芽又称为营养芽，其发育成枝条；花芽则发育成花。茶树枝干上的芽按其着生的位置，分为定芽和不定芽两种。定芽又分顶芽和腋芽两种。一般情况下顶芽大于腋芽，而且生长活动能力强。当新梢成熟后或因水分、养分不足时，低温或日照时数少，使芽被迫处于休眠状态而形成"驻芽"（休止芽）。驻芽和尚未活动的芽统称为休眠芽。生长芽是指处于正常生长活动的芽。

茶树休止芽的存在是茶树适应外界环境和人为采摘的结果。在四季不分明的茶区，茶树不可能有休眠芽（越冬芽），只有生长芽和休止芽。芽在萌动后展叶的嫩梢称为新梢，新梢展叶的多少分为一芽一叶的梢、一芽两叶的梢等。采摘下来的茶叶即为一芽一叶或一芽两叶的制茶原料，在生产和科学研究上，常将其组成比例或重量，作为判断茶树生长势强弱和鲜叶原料老嫩的主要依据。如新梢顶芽成为休止芽所展出的叶，为"对夹叶"。

2. 叶

茶树叶片是进行光合、呼吸、蒸腾作用，吸收水分、养分和储藏的器官，为茶树的收获对象。茶树叶片分鳞片、鱼叶和真叶3种。鳞片是萌发最先出现的变态叶，无叶柄，质地较硬，呈黄绿色或棕褐色，表面有茸毛与蜡质，栅栏组织与海绵组织分化不清，气孔分布较少，随着芽的膨大萌展而逐渐脱落。鱼叶是发育不完全的叶片，形似鱼鳞，色较浅，叶柄宽而扁平，叶缘一般无锯齿，或前端略有锯齿，侧脉不明显，叶形多呈倒卵形，叶尖圆钝，每轮新梢基部一般有鱼叶1片，多则2~3片，但夏秋梢基部也有无鱼叶的。茶树叶片的结构，见图2-5。

真叶是发育完全的叶片。形态一般为椭圆形或长椭圆形，少数为卵形和披针形；叶色有浅绿色、绿色、深绿色、黄绿色、紫绿色，与茶类适制性有关。叶尖尖或凹，是茶的分类依据之一，分急尖、渐尖、钝尖、圆尖等。叶面有平滑、隆起与微隆起之分，隆起的叶片，叶肉生长旺盛，是优良品种特征之一。叶缘有锯齿，

图2-5　茶树叶片的结构

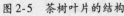

呈鹰嘴状，一般有 16～32 对，随着叶片老化，锯齿上腺细胞脱落，并留有褐色疤痕，这也是茶树叶片特征之一。叶面光泽性有强、弱之分，光泽性强的属于优良特征。叶缘形状有的平展，有的呈波浪状。嫩叶背面着生茸毛，是品质优良的标志。叶片着生状态有直立、水平和下垂之分。

茶树叶片主脉明显，主脉再分出细脉，连成网状，故称网状脉。茶树叶片的基本特点：主脉明显，侧脉呈大于或等于 45°角伸展至叶缘 2/3 的部位，向上弯曲与上方侧脉相连接。侧脉对数因品种而异，多的有 10～15 对，少的有 5～7 对，一般有 7～9 对。

茶树叶片的可塑性最大，易受各种因素的影响，但就同一品种而言，叶片的形态特征（尤其是无性繁殖的茶树）还是比较一致的。因此，在生产上，叶片的大小、色泽，以及叶片的着生角度等，可作为鉴别品种和确定栽培技术的重要依据之一。

四 花

茶花为两性花。茶树无专门的结果枝，花芽与叶芽都着生于叶腋间，着生数为 1～5 个，甚至更多。茶树的花一般为白色，少数呈粉红色，花轴短而粗，属假总状花序，有单生、对生、总状和丛生等。茶花属完全花，是由花柄、花萼、花冠、雄蕊和雌蕊 5 个部分组成，见图 2-6。

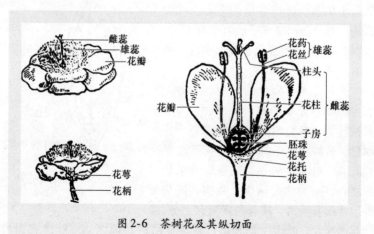

图 2-6　茶树花及其纵切面

花萼在花的最外层，有 5~7 个萼片。萼片近圆形，绿色或绿褐色，起保护作用。受精后，萼片向内闭合，保护子房直到果实成熟也不脱落。

花冠为白色，少数呈粉红色。由 5~9 片花瓣组成，分 2 层排列，花冠上部分离，下部与雄蕊外面 1 轮合生在一起，花谢时，花冠与雄蕊一起脱落。

雄蕊的数量有 200~300 枚，每个雄蕊由花药和花丝组成。花药有 4 个花粉囊，内含无数花粉粒。花粉粒为圆形单核细胞。

雌蕊是由子房、花柱和柱头 3 部分组成。柱头 3~5 裂，开花时能分泌黏液，使花粉粒易于黏着，而且有利于花粉萌发。柱头的分裂数目和分裂的深浅可作为茶树分类的依据之一。花柱是花粉进入子房的通道。雌蕊基部膨大部分是子房，内分 3~5 个室，每室有 4 个胚珠，子房上大都着生有茸毛，也有少数无茸毛的。茸毛的有无，也是茶树分类的重要依据之一。

五 果实和种子

茶树果实属于宿萼蒴果类型，茶果为蒴果，成熟时果壳开裂，种子落地。果皮未成熟时为绿色，成熟后变为棕绿色或绿褐色。果皮光滑，厚度不一，薄的成熟早，厚的成熟迟。茶果的形状和大小与茶果内种子粒数有关，一般一粒为球形，二粒为肾形，三粒为三角形，四粒为方形，五粒为梅花形。果实通常有五室果、四室果、三室果、双室果和单室果等，是山茶科植物的特征之一。

茶树种子大多为棕褐色或黑褐色，有近球形、半球形和肾形三种形状，以近球形的居多，半球形的次之，肾形的只在西南少数品种中发现，如贵州赤水大茶和四川枇杷茶等。球形与半球形茶籽种皮较薄，而且较光滑；肾形茶籽种皮较厚，粗糙而有花纹。前者发芽率较高，后者发芽率较低。茶籽大小依品种而异，直径在 10~15mm 之间，直径 15mm 的为大粒茶籽，直径 12mm 左右的为中粒茶籽，直径 10mm 左右的为小粒茶籽。重量：大粒茶籽重量达 2g 左右，中粒 1g 左右，小粒仅 0.5g 左右。

第二节 茶树的生长发育特性

一 茶树的生育周期

1. 茶树的一生

茶树的生物学特性是茶树生长、发育、繁殖的特点和有关性状。茶树的生物学特性有它自己的规律，这种规律是受茶树有机体的生理代谢所支配而发生、发展的。同时，它又受到环境条件的影响，从而在发生时间以及质、量上有所变化。但是环境条件并不能改变茶树生育的基本规律，因为这种规律是由茶树生物学特性所决定的。

茶树的一生，是由种子形成开始到死亡的全部过程。和其他木本植物一样，既有它一生的总发育周期，又有它一年中生长、发育和休止的年发育周期。茶树的总发育周期是在年发育周期的基础上发展的，而年发育周期又受总发育周期制约，是按总发育周期的规律而发展的。

从种子形成，进而发芽，形成一株茶苗后逐渐生长发育、开花、结果，然后逐渐趋于衰老，最终死亡的这个生长、发育进程，便称之为茶树总发育周期。植物从种子萌发开始，随着时间的推移，在形态、生理机能等方面，不断地发生着量和质的变化，直至死亡，这个过程称为生物学年龄。茶树的一生可达100年以上，而经济生产年限一般只有40~60年，茶树生物年龄时期示意图，见图2-7。

按照茶树的生育特点和生产实际应用，我们常把茶树划分为4个生物学时期，即幼苗期、幼年期、成年期、衰老期。掌握各时期的发育特点，采取配套的栽培技术，有目的地促使茶树生长发育，获得高产优质的茶叶。

（1）幼苗期　在茶叶生产上通常从种子萌发或扦插苗成活开始计算茶树的生物学年龄。茶树在幼苗期生长的好坏，对以后各期生育都有很大的影响。有性繁殖的茶树幼苗期是茶树从茶籽萌发到茶苗出土、第一次生长休止时为止，经4~5个月时间（一般为3~7月）。而通过无性繁殖的茶树幼苗期是从营养体再生到形成完整独立的植株、第一次生长休止为止，需4~8个月的时间。

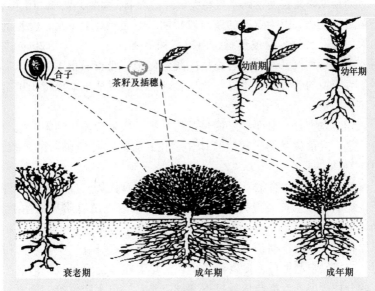

图 2-7　茶树生物年龄时期示意图

茶籽出土前，单纯由子叶供给营养，通过吸水膨胀种壳破裂，胚根伸长、向下生长，当胚根生长至 10～15cm 时，子叶柄伸长，子叶张开，胚芽伸出种壳向上生长，胚芽向上生长过程中，依次展开 2～4 片鳞片、鱼叶和 3～7 片真叶。之后的一直到顶芽形成驻芽，进入第一次生长休止期，则完成了茶树的幼苗期生长。幼苗期茶树的营养特点是由茶籽出土前的单纯由子叶供给营养到出土后子叶的营养与根系吸收营养和叶片进行光合作用这样的双重营养。幼苗期的茶树生长特点主要是地下部生长优于地上部生长的 1～2 倍，主干和主根分枝很少。地上部高为 5～10cm，根系长为 10～20cm。在这一时期，外界环境对于茶树的生长是非常重要的，要满足水分、温度和空气 3 个条件以促进茶籽萌发，丰富的土壤养分保证了出土后幼苗生长的营养供给。

扦插苗在生根以前主要依靠茎、叶中储藏的营养物质，此时应保证水分的及时供给。生根后根系吸收水分、矿质营养，保证水肥的供应，这些成为影响生育的主要因子。

幼苗期茶树容易受到恶劣环境条件的影响，特别是高温和干旱，茶苗最易受伤，因为这时的茶苗较耐阴，对光照要求不高，叶片的角质层薄，水分容易被蒸腾，而根系伸展不深，一般只有20cm左右，由于是直根系，更没有分枝广阔的侧根，吸收面积不大，抗御干旱等逆境的能力小，所以在栽培管理上要适时适量地保持土壤有一定含水量。

（2）幼年期 幼年期指的是茶树从第一次生长休止到第一次孕育花果，或茶树从第一次生长休止到正式投产（扦插苗）的过程，需3～4年。

幼年期茶树生育的营养生长旺盛，占绝对优势。自然生长条件下，地上部分生长表现为单轴分枝方式，常表现出有明显的主干。幼年期茶树的根系，实生苗根系以直根为主，侧根很少；扦插苗则以须根为主。幼年期茶树的可塑性大，易培养成符合生产要求的树冠，应抓好定型修剪，促进侧枝生长，培养粗壮的骨干枝，形成浓密的分枝树型，为高产优质打下基础。并且加强水肥供给，形成较深的根系。幼年期的茶树以养为主，后期以采代剪。幼年期茶树要防治病虫害，同时切忌乱采。

（3）成年期 茶树成年期指茶树从正式投产到第一次进行更新改造时为止（也称青、壮年时期），需20～30年，是茶树一生中最有经济价值的时期。成年期是茶树生育最旺的时期，产量与品质都处于高峰阶段。此时茶树的分枝方式，有单轴分枝和合轴分枝两种分枝方式并存于一株茶树上，年龄较大的枝条转变为合轴分枝，而年龄较小的枝条仍为单轴分枝。同时，地下部分的根系，也随着树龄增长而不断分化，由以主根为主的直根系向四周扩展成离心生长十分明显的分枝根系。成年期后期，茶树在外观上表现为树冠面上细弱枯枝多形成鸡爪枝，对夹叶增多，骨干枝呈棕褐色甚至灰白色，在根颈处出现徒长枝。吸收根也是由分枝根系逐渐变为丛生根系。这一时期茶树的营养生长和生殖生长都达到了旺期，在自然生长条件下，茶籽的产量也最高。此时树体养分供求分散，营养生长和生殖生长之间产生矛盾，人们可以通过各种措施调节与控制两者之间的关系，以达到增加茶叶产量的目的。

这一时期的茶树应注重科学管理，尽量延长这一时期的持续时间，以获得更多、更好的采摘新梢，最大限度地获得高产、稳产、优质的茶叶。在投产初期，注意采养结合，培养树冠，扩大采摘面；加强肥培管理，特别是氮素，使茶树保持旺盛的树势；采用轻修剪和深修剪交替进行的方法，更新树冠，整理树冠面，清除树冠内的病虫枝、枯枝和细弱枝；采用农业综合措施防治病虫害。

（4）衰老期　衰老期是指茶树从第一次更新到整个植株死亡为止。这一时期的长短因管理水平、环境条件、品种的不同而异。一般可达100年以上，而经济生产年限一般为40～60年。衰老期茶树突出的标志是以根颈部为中心的更新复壮，出现向心生长趋势。地上部骨干枝衰老或干枯，根颈处萌发徒长枝和不定根（丛生根）。自然更新或人工更新（重修剪和台刈），形成了新的树冠，从而得到复壮。随更新次数增加，其复壮能力逐渐减弱，更新后生长出来的枝条也渐细弱；且间隔时间也越来越短，最后茶树完全丧失更新能力而死亡。茶树根系在其中，也随着地上部分的更新而得到复壮，然后逐渐向衰老发展，反复更新后，最终也失去再生能力而死亡。因此，茶树衰老期应设法延长每次更新间隔的时间，使茶树发挥最大的增产潜力，延长经济生产年限，即茶树的经济年龄。衰老期应当加强管理，更新修剪后要加强肥培管理（深翻改土，施入有机肥，增施磷、钾肥），延缓衰老进程；进行定型修剪，培养树冠；经数次台刈更新后，产量仍不能提高的，应及时挖除改种。

2. 茶树的年发育周期

茶树的年发育周期，是指茶树在一年中的生长、发育进程。由于受自身的生育特性和外界环境条件的双重影响，茶树在一年中不同的季节，具有不同的生育特点，如芽的萌发、休止，叶片展开、成熟，根的生长和死亡，开花，结实等。故茶树的年发育周期主要是茶树的各个器官，在外形和内部组织结构及内含物质成分等方面的生理、生化及生态变化。茶树整体的生长发育，是各个器官生长发育的综合反应。它在年生长周期中，虽因内外各种因素影响而变化，但不同年度、不同生育时期和不同器官之间，也有一些共同性的生长发育规律。研究各个器官的生长发育规律，有利于更深刻地掌握茶树整体的生育特性，为科学栽培提供理论依据。

二 茶树枝梢的生长发育

1. 茶树的分枝

茶树的分枝方式是从幼年期的单轴分枝，逐步过渡到合轴分枝的，这种过渡是在成年时期逐步完成的；而且当从根颈部产生徒长枝时，这两种分枝方式在茶树上可以同时表现出来。茶树在幼年期，枝条逐渐发育成为粗壮的骨干枝，这些骨干枝的形成，为造成宽大树冠打下基础。

茶树在成年期，枝条由于分枝越来越密，在不断采摘和修剪下，顶部枝条十分细弱，尤其在树冠内部，一些细弱的分枝因养分、通风、透光较差而逐渐死亡，而在较粗的侧枝上又会产生新的小侧枝，使冠面不断向外（横向）扩展。当大的骨干枝衰老时，就会失去再生侧枝的能力，小侧枝枯死后，枝干渐渐光秃，从而刺激了根颈部的潜伏芽萌发生长，这就是根蘖。这种枝条，具有生长迅速、叶片大、节间长等幼年茶树枝梢的特征，能重新形成骨干枝，并由骨干枝上再萌生侧枝，逐渐形成新的树冠。

茶树枝条有阶段发育异质性，不同部位有着质的区别。即枝条上、下端是不同的，下端就其时间年龄来说是老的，上端的时间年龄较幼；但就其生理年龄来说，下端较上端年幼，因为上端的细胞组织，是由下端逐渐分生的，因而下端细胞相对而言更原始一些，上端细胞在生长点分生组织的发育过程中，同化了外界环境条件和物质而变得充实。

茶树在一年中自然生长的情况下，枝条可以有春、夏、秋、冬四次生长。另外，自然生长的和栽培茶树的分枝级数是不同的，栽培茶树的分枝级数要高。

2. 茶树新梢的生长

新梢是茶树的收获对象。采茶就是从新梢上采下幼嫩的芽和叶，进而加工成茶叶，所以了解新梢的生长发育规律，是制定合理农业技术措施的重要依据。冬季茶树树冠上有大量呈休眠状态的营养芽，芽的外面覆盖着鳞片。当外界环境条件适宜时，营养芽便开始活动。它在一年内的生育过程是枝条上越冬芽的分化、膨大→鳞片展→鱼叶展→真叶展（1片、2片、3片、4片……）→驻芽（图2-8）。

萌发期　　　展叶期

图2-8　茶树新梢萌发过程

　　我国大部分茶区的茶树新梢生长和休止，1年有3次，从越冬芽萌发至第一次生长（3月~5月上旬）休止（形成的新梢称为春梢）→第二次生长（6月上旬~7月上旬）→休止（形成的新梢称为夏梢）→第三次生长（7月中旬~10月上旬）→冬眠（形成的新梢称为秋梢）。但在云南等茶区，春梢时期正值干旱季节，而夏、秋梢阶段，又时逢雨季，新梢连续生长，故无夏、秋梢之别。这种生长、休止，再生长、再休止称之为自然生长茶树的生长周期，它与气候和其他环境条件无关，与采摘也无关，但是这种生长的节律对茶树来说具有生理学上的意义，对生产具有很实际的作用。新梢休止起主导作用的是茶树自身的生理机能上的需要，同时在组织上要进行分化，为适应新的生长做准备，当然与外界环境条件也有着十分密切的关系。

　　由于受到了采摘的影响，茶树新梢的生育规律也发生着变化。随着采摘批次的增多，新梢的数量增加，不同的采摘标准，开采期的早迟与新梢生育期的长短有着密切的关系。因此，采摘的茶树新梢，生长期短了，表现出"轮性"特征。越冬芽萌发生长的新梢称为头轮新梢，头轮新梢采摘后，在留下的小桩上萌发的腋芽，生长成为新的一轮新梢，称为第二轮新梢，第二轮新梢采摘后，在留下的小桩上重新生育的腋芽，形成第三轮新梢，以此类推（图2-9）。每一轮的芽是否生长、发育，取决于水分、温度和施肥，尤其是施氮肥的情况。

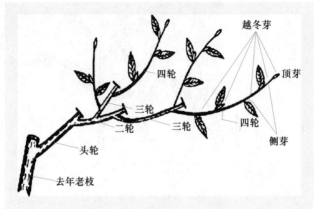

图 2-9　茶树新梢轮次示意图

　　我国大部分茶区，每年可以发生 4~5 轮新梢，少数地区或栽培管理良好的，可以发生 6 轮新梢。在生产中如何增加全年发生的轮次、特别是增加采摘轮次、缩短轮次间的间隔时间，是获得高产的重要环节。

　　凡是新梢仍具有继续生长和展叶能力的称为正常的未成熟新梢；新梢生长过程中顶芽不再展叶和生长休止时，芽成为驻芽，称为正常的成熟新梢；有的新梢萌发后只展开 2~3 片新叶，顶芽就成驻芽，且顶端的 2 片叶片，节间很短，似对生状态，称为"对夹叶"或"摊叶"，是不正常的成熟新梢（图 2-10）。

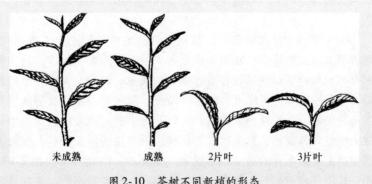

图 2-10　茶树不同新梢的形态

新梢生长过程中，它的形态、长短、粗细、重量和着叶多少随品种、营养条件、生态环境、所处部位、树龄等条件而变化。不同温度对茶树新梢生长的影响：日平均气温为10℃左右，茶芽开始萌发；14～16℃时，茶芽开始伸长，叶片展开；17～25℃时，新梢生长旺盛；超过30℃时生长受到抑制；10℃以下，新梢生长停止或生长缓慢；气温降至0℃，就会使已萌动的芽受冻害，芽叶展开后，出现许多被冻坏的死细胞斑点。空气湿度要达70%以上，最适为80%～90%。土壤水分应达到田间持水量的70%以上。有机质1.5%以上，全氮0.1%以上，速效氮100mg/kg以上，速效磷（P_2O_5）10mg/kg以上，速效钾（K_2O）80mg/kg以上。在不利环境条件下，展叶数少，长势差，新梢瘦弱，生成对夹叶。高产优质的茶树品种应是叶大且长宽比例大、展叶数多、着叶向斜生、生长迅速、持嫩性强、新梢生育轮次多。

三 茶树叶片的生长发育

叶片是茶树进行光合作用与合成有机物质的重要器官，也是人们采收的对象，因而掌握叶片生育规律对实现茶叶高产优质是十分重要的。叶片的生长发育、寿命与其着生部位，品种，环境条件相关联。

叶片在它的发育过程中，随着内部结构的变化，其生理机能也逐步加强。初展时的叶片，呼吸强度大，同化能力低，生长所需的养分和能量，来自邻近的老叶和根、茎部供给，但随着叶片的成长，各种细胞、组织分化更趋完善，其同化能力明显增强。

茶树虽然是常绿植物，但叶片经过一定时间后也是要脱落的。只因叶片形成时间不同，所以落叶有前有后，有的品种寿命长些，有的则短些，通常叶片在树上着生1年左右。着生于春梢上的叶片寿命要比夏、秋梢上的长1～2个月，而每个品种都有一个大量落叶时期，时间因品种而定，通常发生在5～8月。此外，气候条件不良、土层瘠薄、管理水平低以及病虫危害等因素，也会引起不正常的落叶。影响尤其严重的是冻害气候条件，严重时甚至会全株落叶，对产量影响很大。

四 茶树根系的生长发育

茶树的地上部分与地下部分是相互促进、相互制约的整体，地下根系生长的好坏，直接影响地上部枝叶的生长。因此，根的生育特性、分布规律和生长活动是制定农业技术措施的重要依据。

茶树根系不但起着支持和固定作用，而且重要的是茶树根能从土壤中吸收水分和养分：矿质元素、有机质（脲、天门冬酰胺、生长素、维生素）、气体（氧气、二氧化碳）。茶树根还是储藏有机物质和合成酰胺类（谷氨酰胺、天门冬酰胺）、茶氨酸的重要场所。茶树根系吸收铵态氮后，在根部谷氨酸脱氢酶的作用下，与叶部光合作用输送来的光合产物 α-酮戊二酸相结合形成谷氨酸，这是作为根部利用铵态氮的一种途径。茶树根部首先将铵态氮合成谷氨酸和谷氨酰胺、天门冬酰胺、天门冬氨酸等，然后转运至叶部供叶片作为氮素养分的需要。当地上部谷氨酸的利用已处于饱和时，多余的谷氨酸经氨基转换合成精氨酸和茶氨酸。茶氨酸暂储于根部，而精氨酸则往茎叶转运，这是茶树的特性。

储存于根部的茶氨酸和精氨酸的量，取决于肥料施用量与地上部对氮素需求量的差异。高施肥量，根部养分的储存量随之增加，反之，则储存量减少。根系储存的碳水化合物对春茶新梢生育有着重要的作用。

茶树的根系与菌根共生。强光、土壤中缺氮和磷，菌根感染增加；光线低于全光照 20%，土壤高度肥沃，菌根感染减少。土壤环境中微生物丰富，有利于菌根生存与发展。菌根还可以分解土壤中茶树根系无法吸收的物质，使之被茶树根系吸收利用。

茶树根系在年发育周期内的生育活动与地上部分生育活动有着密切联系。当新梢生育缓慢时，根系生育则相对比较活跃。10 月前后地上部渐趋休眠，此时为根系生育最活跃的阶段。这种根梢交替生长的现象是由于根与新梢生长对碳水化合物需求平衡造成的。根系的死亡更新主要发生在冬季 12 月~第二年 2 月的休眠期内。茶树的吸收根，每年都要不断地死亡和更新，这种担负着茶树主要吸收任务的根系不断更新，使它能保持旺盛的吸收能力。茶树根系活力的年周期变化与根系生长有相似的规律。2~3 月是根系活力的高峰期，4~5月活力显著降低，6~8月又呈现第二次高峰。9月~第二年1月维持在中等水平，即当地上部生长前的1~2个月，根系活力增强。

茶树根系在土壤中的分布，因茶树品种、年龄时期、环境条件和农艺措施不同，根系的总量，尤其是吸收根的量因而也存在很大的差异。

土壤的物理和化学性质对茶树根系的生育有着重要的影响。不同的土壤质地，茶树根系伸展的深度、范围不同。在黏重板结的土壤上，根系不易向下生长；在沙性土壤里，根系既深且广。根系的生育不仅要求有适宜的地温，还要求有土壤的含氧量在10%以上，且土壤含水量在60%~70%，要求土壤三相比关系恰当，以适宜根系良好生长。土壤的pH也影响着根系的分布，酸性土壤适宜根系的良好生长。

温度、养分、水分是茶树根系生长的主要外部因子，正确地调理好3个因子的水平，尤其是养分的供给，是实现高产优质的保障。

五 茶树开花结实

茶树的生殖生长是通过开花结实自然繁殖后代的。茶树开花结实的习性因品种、环境条件不同而有差异。茶树的多数品种都是可以开花结实的，但有些品种，如政和大白茶、福建水仙茶、永春佛手茶等是只开花不结实，后者是结实率极低，一般称之为不稔性（不育性）。这些品种必须通过无性繁殖繁衍后代。开花结实受茶树年龄和环境的影响，幼年茶树的结实率少于老年茶树，不良环境条件下比优越环境条件下结实多。

茶树的开花期在我国的大部分茶区是从9月中、下旬开始，有的在10月上旬。花期为100~110天，9月~10月下旬为始花期，10月中旬~11月中旬为盛花期，11月下旬~12月为终花期。不同的品种与环境也影响着花期，小叶种开花早，大叶种开花迟；当年冷空气来临早，开花也提早。少数花越冬后在早春开花是由于花芽形成时期较迟，花芽进入休眠状态，待春季气温上升时，恢复生育活动，继续开花，但是这种花发育不健全，会很快脱落。

茶树开花数量虽多，但结实率仅为2%~4%，主要原因是：自花授粉不育，茶树是异花授粉植物，且一般柱头比雄蕊高；花粉有缺陷，茶花花粉粒在其发育最后阶段会有发育不规则的现象出现；外界不良环境的影响；茶树有自然落果的现象；人为的一些活动也是影响茶树结实率低的重要因素。

在我国大部分茶区，茶籽采收后，秋冬季立即播种，第二年春季开始萌发，储藏越冬的茶籽在春季播种后一个多月即可萌发。

茶籽从休眠到萌发不仅形态发生变化，茶籽中的内含物也发生着一系列生物、化学变化。当茶籽开始萌动时，酶的活力显著增强，茶籽中储存的三大主要成分：脂肪、蛋白质、淀粉等化合物趋于水解，转化为可溶性糖、脂肪酸和氨基酸。在转化过程中，物质的一部分被当作呼吸基质而消耗释放出能量，另一部分被分解，运转到胚作为新分裂形成细胞的组成物质。由于茶籽萌发时，尚不能由根系吸收外界的营养物质，因此只能依靠子叶中储存的物质供给细胞分裂和呼吸作用，茶籽萌发过程形态的变化，见图2-11。

图2-11　茶籽萌发过程形态的变化（单位：cm）

在茶籽内部进行一系列生理变化的同时，外部形态也表现出不同的特征。茶籽吸收膨胀导致种皮破裂，以便于种胚吸收水分并与空气接触，有利于茶籽萌发。在茶籽吸胀的同时，胚在子叶中的储存养分产生降解，转化为可给态，为胚的生长发育提供营养。然后胚根开始伸长，突破种皮而接触土壤后，继续向下伸展，使幼苗固定在土壤中，同时具有吸收和提供水分的能力。此时，子叶柄伸长并张开，胚芽伸出种壳向上生长。茶籽播种到土壤后，在4月中、下旬，胚根开始生长；5月上、中旬大部分茶籽胚根萌动，上胚轴伸长，可以见到胚芽；到5月中、下旬，胚芽伸长，有少数出土；6月上、中旬茶苗大部分出土，并逐渐展开真叶。在经过20天左右时间至6月下旬、7月上旬，第一次生长休止。这些过程在南方茶区略为提前，而在北方茶区稍有推迟，但相差不大。

茶籽萌发过程必需的三个基本条件是：水分、温度和氧气，三者缺一不可。如果播种后因某条件不能满足需要，常出现萌发延迟甚至茶籽霉烂的现象。

第三节　茶树生长的环境条件

植物与环境是统一体。茶树在其系统发育过程中，适应了某些环境体条件，故对外界环境条件有自身的要求和喜好。在适宜的条件下，茶树正常地生长发育，茶叶产量高、品质好；反之，不良的条件则影响茶树的生育。

茶树属亚热带植物，适生环境归纳起来有"四喜四怕"的特点。即喜光怕晒、喜暖怕寒、喜酸怕碱、喜湿怕涝。这主要表现为茶树与环境中的气象因子（光、热、水、气、雷电、宇宙射线等）、土壤因子（土壤中的一切物理和化学性质）、地形地势因子（海拔、地表、坡度、坡向等）、生物因子（动物、植物、微生物）及人为因子（人类生产、生活产生的作用）等的关系。下面分别介绍茶树对各种环境条件的要求。

一　光照

茶树生物产量的90%～95%是叶片利用二氧化碳和水，通过光合作用合成的碳水化合物而构成的。光对茶树生育的影响，主要表现在光照强度、光照时间、光质（太阳光谱）三个方面，其不仅影响茶树代谢状况，而且也会影响其他生理过程和发育阶段。同时，还会引起大气和土壤的温、湿度变化。

1. 光照强度

茶树的光合作用强弱在很大程度上取决于光照强度，在一定条件下，光和速率随着光照强度的增加而上升，但当达到光饱和点时，光合速率不再上升。因茶树的光补偿点较低，仅占全光量的 1% 左右，为 $0.12 \sim 0.13 J/(cm^2 \cdot min)$，故茶树为耐阴植物。光饱和点和补偿点因品种特性、生长季节、发育阶段和不同的群体结构而略有不同。

光照强度不仅与茶树光合作用和茶叶的产量有密切关系，而且对茶叶品质也有一定的影响，经研究表明，在适当减弱光照时，芽叶中氮化合物含量明显升高而碳化合物含量（如茶多酚、还原糖）相对减少，这就有利于形成茶收敛性的增强和鲜爽度的提高；特别是氨基酸组成中，作为茶叶特征物质的茶氨酸含量，以及与茶叶品质密切相关的谷氨酸、天门冬氨酸、精氨酸、丝氨酸含量等，在遮光条件下均有明显升高。

因此，在茶园内因地制宜、合理种植遮阴树以调节光照强度，将有利于茶树生长，提高茶叶品质。

2. 光照时间

光照时间是指一个地方从日出至日落之间的日照时数，以小时为单位。光照时间的长短，对茶树发育的影响较大。茶树是一种短日照植物，遮光处理可使茶树开花数增加、开花期提前。光照时间与茶树开花结实有关。

在冬季若有 6 周每天日照时间短于 11h，即使温度、水分、营养等条件均能满足茶树生育要求，但茶树（尤其是灌木型茶树）有相对的休眠期，日照越短，休眠期越长；而人工延长日照时间至 13h，便可打破茶树冬季休眠，促使茶树生长，并抑制茶树开花。

3. 太阳光谱

太阳辐射随波长的分布称太阳光谱。太阳光谱包括紫外线、可见光和红外线 3 种。其中可见光按波长，又可分为红、橙、黄、绿、青、蓝、紫 7 种单色光。不同波长的太阳光对茶树有着不同的作用。

成熟茶树叶片中的叶绿素 b 含量高，叶绿素 b 对较短的光谱有较强的吸收能力，这使得茶树适合在漫射光中生长。红外线虽不能直接被茶树吸收利用，但是能使土壤、水、空气和叶片本身吸热增温，为茶树的生长发育提供热量条件，促进茶树生长。在红、橙光照射下，茶树能迅速生长发育，对碳代谢、碳水化合物的形成具有积极的作用。蓝光为短波光，在生理上对氮代谢、蛋白质的形成也有重大意义。紫光比蓝光波长更短，不仅对氮代谢、蛋白质的形成有大的影响，而且与一些含氮的品质成分如氨基酸、维生素和很多香气成分的形成也有直接的关系。

与白光相比，红、黄、绿光促进芽梢伸长，叶面积扩大，蓝、紫光抑制芽梢伸长，叶面积减小；蓝、紫光下，比叶重增加，红光下比叶重略有减少。不同光质条件下，对品质成分的影响表现为，蓝、紫、绿光下，氨基酸总量、叶绿素和水浸出物含量较高；而茶多酚含量相对减少。红光下的光合速率高于蓝、紫光，红光促进碳水化合物的形成，红光也就有利于茶多酚的形成；蓝、紫光促进氨基酸、蛋白质的合成。在一定海拔的山区，雨量充沛，云雾多，空气湿度大，漫射光富有，蓝、紫光占比增加，这也就是高山云雾茶氨基酸、叶绿素和含氮芳香物质多，茶多酚含量相对较低的重要原因。

二 热量

热量是茶树生育不可缺少的条件之一，热量状况一般以温度来表示。影响茶树生育的主要是气温、地温和积温。

同其他多年生木本植物一样，茶树在生育的每一阶段，都有 3 个主要温度界限，即最低、最适和最高温度。茶树的生物学最低温度一般为 10℃，但有些早芽种，如龙井 43、江西婺源早芽等品种，只需 6℃就可生长；而迟芽种则必须高于 10℃才会开始生长。茶树的最低临界温度，依品种、树龄和出现低温时的天气状况不同而不同。一般灌木型茶树耐低温能力强些（龙井、鸠坑等品种能忍耐 −16 ~ −12℃），小乔型次之（如政和大白茶能忍耐 −10 ~ −8℃），乔木型耐低温能力最弱（云南大叶种在 −6℃时便会严重受害）。茶树的最高临界温度为45℃，在自然条件下，日均温大于30℃，茶梢生长就会缓慢或停止，如持续几周超过35℃，茶梢就会枯萎、落叶。当品种和环境条件不同时，茶树对高温的反应不同，南方类型基因的茶树品种，往往具有较强的耐高温能力。

温度对茶树生育带来的变化也影响着茶叶品质的季节性变化。茶叶品质的这种变化主要是由于很多与茶叶品质有关的化学成分都是随着气温的变化而变化的，茶多酚含量的变化是随着气温的增高而增加，4~5月气温较低时，茶多酚含量较高，7~8月气温最高时，茶多酚含量也达到最高峰。与此相反，氨基酸的含量是随着气温的增高而减少的，4~5月气温较低时，氨基酸的含量较高，7~8月气温最高时，氨基酸含量达到最低点。茶树在适宜温度范围内生长发育正常，利于茶叶中氨基酸、多酚类等物质的形成和积累，对茶叶品质特别是滋味成分的形成有利。高温或低温，茶叶生长发育受阻，甚至是茶树受害，代谢机能减弱，萌发的芽叶瘦小，内含成分比正常生长的芽叶低，茶叶品质差。

地温与茶树生育关系极为密切，其相关性甚至超过气温。14~28℃的地温为茶树新梢生育最适宜地温。在低于13℃或高于28℃的地温条件下茶树新梢生长缓慢。不同土层地温对茶树生育的影响略有差异：以5cm、25cm两个土层影响最为显著，因为5cm土层受热辐射影响，日夜温差较大，而25cm土层地温相对稳定，同时也是茶树吸收根分布最多的土层，而其热量变化直接影响根系吸收交换水平。

积温是累积温度的总和，茶树的生物学最低温度为10℃，那么茶树的全年至少需要的积温为3000℃，那么低于3000℃的茶区，应当注意冬季防冻。经研究表明，最适宜茶树生长的积温为4000~5000℃。

三　水分

水分既是茶树机体的重要组成部分，又是茶树生育过程中不可缺少的条件，茶树的光合作用和呼吸作用等生理活动的进行以及营养物质的吸收和运输必须有水分参与，同时它也影响生态环境中其他的影响因子，并且茶树对于水分的需求量是有一定要求的。水对茶树生育的影响，主要是降水量、空气湿度、土壤湿度等。

茶树性喜湿润,适宜经济栽培茶树的地区,年降雨量须在1000mm以上,一般认为茶树栽培最适宜的降水量为1500mm左右;生长期间的月降雨量要求大于100mm,如果连续几个月降水量小于50mm,而又不实施灌溉,茶叶产量便会大幅度下降。在茶树生长活跃时期,空气相对湿度以80%~90%为宜,若小于50%,新梢生长受阻,40%以下则会受害。

土壤湿度以田间持水量的80%~90%为宜,当含水量降至80%以下或上升至饱和水分状况时,茶树生长发育不良。

四 土壤条件

土壤是茶树一生扎根立足的场所,土壤具有满足茶树对水、肥、气、热需求的能力,是茶树生长的重要资源。土壤环境条件包括物理环境、化学环境和生物环境3个方面。

1. 土壤物理环境

土壤物理环境是指土层厚度、土壤质地、结构、密度、容重和孔隙度,土壤空气,土壤水分及土壤温度等因素。茶树要求土层厚度为有效土层应达1m以上,表土层厚度要求在20~30cm。土壤质地以壤土为理想,在沙土和黏土上生长较差。土壤结构以表土层多粒状和团块状结构,心土层为块状结构较好。在土壤松紧度上:表土层10~15cm处,容重为1~1.3g/cm³,孔隙率为50%~60%;心土层35~40cm处,容重为1.3~1.5g/cm³,孔隙率为45%~50%。土壤的三相比较为适宜茶树的应该是固相为40%~50%,液相为30%~40%,气相为15%~20%。

2. 土壤化学环境

土壤化学环境是指土壤的吸收机能、土壤pH及土壤养分等因素。土壤化学环境对茶树生长的影响是多方面的,其中影响较大的是土壤酸碱度、有机质含量和无机养分含量。茶树为喜酸性土壤的植物,最适合茶树生长的土壤pH为5.0~5.5。土壤有机质含量超过2.0%的茶园的茶树生长健壮。所以,高产优质的茶园土壤有机质含量要求达2.0%以上。综合各地高产茶园土壤营养测定结果为:土壤全氮含量在0.14%以上,碱解氮为15mg/100g以上,速效磷为10~20mg/kg,速效钾为80~150mg/kg。

3. 土壤生物环境

土壤生物环境是指动植物、微生物及人类的活动对土壤形成和肥力的影响。

五　地势条件

地势条件包括纬度、海拔、坡向、坡度等，这些生态因子不仅影响茶树的生育也影响茶叶的品质。其实质是对气象因子的影响。如纬度不同，其光照强度、时间、气温、地温及降水量等气候因子均不同。

一般而言，纬度偏低的茶区年平均气温高，地表接受的日光辐射量较多，年生长期较长，往往有利于氮素代谢，故对品质有重要作用的多酚类积累较多，相反，含氮物质的含量较低。海拔越高，各种气候因子存在很大不同，气压与气温越低，降雨量和空气湿度在一定高度范围内随着海拔的升高而增强，超过一定高度又下降。山区云雾弥漫，接受日光辐射和光线的质量与平地不同，常常是漫射光及短波紫外光较为丰富，加之昼夜温差大，白天积累的物质在夜间被呼吸消耗的较少。

总之，从茶树的适生条件分析可知，环境生态条件的主要因子对茶树生育及品质的影响是很明显的，所以在茶树种植上如何选择用地，并保持水土，保证生态平衡是一个在发展茶叶生产中首先要解决的问题。

——第三章——
茶树良种选育

我国茶树野生资源多，分布广。长期以来，经过不断的自然杂交、人工培育及环境条件的影响，演变出了丰富多彩的茶树品种资源。其中有许多的良种。

第一节　良种的概念与选种目标

一　良种的概念

良种是优良品种的简称。它是指在适宜的地区，采用优良的栽培和加工技术，能够生产出高产、优质茶叶产品的品种。

二　良种的作用

良种是农业生产上重要的生产资料，是扩大再生产的物质基础，在农业生产上，农作物都是靠种子繁殖，没有种子，就无法进行再生产，更谈不上扩大再生产。实践证明，优良品种能比较充分地利用自然条件和栽培条件中的有利因素，抵抗和减轻其中的不利因素，并能有效地解决生产上的一些特殊问题，因此，良种在农业生产上有着十分重要的作用。

1. 提高产量

增加产量的良种一般都具有较大的增产潜力。茶叶产量是由单位面积的芽叶个数、每个芽叶的重量、芽叶生长速度和年营养生长期的长短，即多、重、快、长四个产量因子构成的。在相同条件下，不同品种的这四个产量因子就有差异，因而产量表现有高有低。高产品种的增产效果一般在 15% ~ 30% 之间。

2. 改进茶叶品质

提高和改进茶叶品质的重要性常超过产量。茶叶的品质是由色、香、味、形四个因子构成的，各种茶类对品质都有一定的要求。改进栽培和采制技术，虽能在一定程度上提高茶叶品质，但是茶叶的色、香、味、形的形成是由芽叶的生化成分所决定的。品种不同，遗传物质就不同，造成芽叶的多酚类、氨基酸、香气成分等生化成分不同，制成的茶叶色泽、滋味、香气和外部形态不同。例如，云南大叶种的儿茶素含量高，福鼎大白茶的氨基酸含量高，其芽叶的形状、大小、色泽、茸毛等有很大的差异。

3. 增强抗逆性，保证稳产

茶树抗逆性是茶树良种的一个基本特征，如果没有较强的抗逆性表现，这样的品种所推广的地区是有限度的。如抗寒性较弱的品种，就只能在低纬度地区栽培。

4. 扩大栽培区域

选育适应性广的茶树新品种，可使作物的栽培区域不断扩大，我国选育了抗寒、早芽的茶树品种，并配合采用相应的栽培管理措施，使茶树在约北纬 37°的地方种植成功，茶树可种植的纬度继续北移。

三 选种目标

1. 高产稳产

高产稳产是优良品种的基本特征，所以，高产稳产是茶树育种的基本目标。优良品种首先应具有较高的生产潜力，茶树是叶用作物，高产就是指在单位面积上能采摘到较多的、适于制茶所需的茶叶的芽叶。生产上不但要求所推广品种具有高产潜力，而且要求在其大面积推广过程中能够保持持续而均衡的增产。影响稳产性的主要因素是病虫害及不利的气候和土壤因素环境胁迫，虽然对这些因素可以采取各种栽培措施加以防治，但是最经济而有效的途径是采用对这些不利因素具有抗性的品种。

2. 品质优良

品质是产品能满足一定需要特征特性的总和，直接影响消费者对茶叶的喜好和需求，是茶树育种的重要目标。随着经济的发展和人民生活水平的提高，品质已逐渐上升为比产量更为重要的目标性状。优质性状与产量性状之间，常存在矛盾，两者得到协调改进的品种则更符合生产的要求。

3. 不同的发芽期

茶树发芽期主要受品种和气候因素影响。在同一环境条件下，不同茶树品种的开采期相差可达 3 周以上，一芽三叶展需要的有效积温相差可达 $60℃$ 以上。不同发芽期的品种进行合理搭配种植，可以抑制或缓解采制"洪峰"，延长采制时间，合理安排劳力，充分发挥加工机械，减轻劳动强度，提高茶叶品质，有利于均衡生产，适时满足市场需求。

4. 抗性强

茶树作为一种多年生作物，一生中会受到各种不利外界环境因素的胁迫，主要有寒害、旱害、病虫害等。这些环境因子有时单独发生，有时协同作用，对茶树造成很大的伤害，轻则减产、降质，重则死亡。对此，大多采取人工防御的方法，然而这既需要很高成本，又易造成生态系统的破坏。利用茶树自身的遗传因素来抵御胁迫是最基本的方法，因此一直受到育种者的高度重视。

第二节 良种的选种方法

一 常规育种

常规育种包括选择育种和有性杂交育种两种，是以茶树的自然变异为基础，结合人工杂交手段，有效地选择优良的基因组合类型，加以培育而成为良种的育种方法。早期，常规育种得到广泛关注，并进行了多方面的研究，形成"有性杂交→单株选择→品系比较试验→区域性比较试验→良种审（鉴）定推广"一套完整的选育程序，选育出一批又一批的新品种和新品系。到目前为止，96 个国家级良种绝大多数是通过常规育种法选育成的。常规育种存在的主要问题是育种年限长，选育一个品种通常需要 20 年。

二 诱变育种

诱变育种是指采用物理和化学方法，诱发生物体遗传物质产生突变，经选育成为新品种的途径。根据诱变方法可分为物理诱变和化学诱变两大类。

三 生物技术育种

生物技术育种是指人们以现代生命科学为基础，结合先进的工程技术手段和其他基础科学原理，按照预先设计改造生物体，为人类培育出所需品种。先进的工程技术手段主要是指细胞工程和基因工程。所谓细胞工程是指以细胞为单位，在体外条件下进行培养、繁殖，或人为地使细胞某些生物学特性按人们的意愿发生改变，从而达到改良生物品种和创造新品种，或获得某种有用物质的过程，包括植物细胞的体外培养技术、细胞融合技术、细胞器移植技术等。基因工程又称为基因拼接技术和 DNA 重组技术，是以分子遗传学为理论基础，以分子生物学和微生物学的现代方法为手段，将不同来源的基因按预先设计的蓝图，在体外构建杂种 DNA 分子，然后导入活细胞，以改变生物原有的遗传特性、获得新品种、生产新产品。基因工程技术为基因的结构和功能研究提供了有力的手段。

第三节 良种的繁育

茶树繁育的方法有种子繁殖、短穗扦插繁殖、嫁接换种繁殖、组织培养繁殖、压条繁殖。

一 种子繁殖

茶树用种子繁殖既可直播又可育苗移栽。历史上最早是采用直播的，其能省略育苗与移栽工序所耗的劳力和费用，且幼苗生活能力较强。育苗移栽可进行集约化管理，便于培育，并可选择壮苗，使茶园定植的苗木较均匀。云南大部分茶区因干湿季分明，并且冬、春连续少雨干旱，直播一般难以全苗，故多采用育苗移栽。茶树采用种子繁殖，主要应抓好以下几点。茶园要获得质优、量大的茶籽，就必须抓好对采收茶籽的茶园的管理，促进茶树开花旺盛、坐果率高且种子饱满。茶籽质量的好坏、生活力的高低与茶籽采收时期及采收后的管理、储运关系密切。适时采收，其物质积累多、籽粒饱满而发芽率高，苗生长健壮。茶籽采后若不立即播种，则要妥善储存（在5℃左右，相对湿度60%～65%，茶籽含水率30%~40%条件下储存），否则茶籽会变质而失去生活力。茶籽若运往它地，要做好包装，注意运输条件，以防茶籽劣变。播种前处理：将经储藏的茶籽在播种前用化学、物理和生物的方法，给予种子有利的刺激，促使种子萌芽迅速、生长健壮、减少病虫害和增强抗逆能力等。由于茶籽脂肪含量高，且上胚轴顶土能力弱，故茶籽播种深度和播籽粒数对出苗率影响较大。播种盖土深度为3~5cm，秋冬播比春播稍深，而种植于沙土中的比黏土深。以穴播为宜，穴的行距为15~20cm，穴距10cm左右，每穴播茶籽大叶种2~3粒，中小叶种3~5粒。播种后要达到壮苗、齐苗和全苗，需做好苗期的除草、施肥、遮阴、防旱、防寒和防治病虫害等管理工作。

二 短穗扦插繁殖

短穗扦插具有能保持良种的特征特性，使后代性状一致；插穗短，材料省，繁殖系数高，土地利用经济，成龄茶树枝条和幼龄茶树的修剪枝条均可利用；扦插后发根快，成活率高，根群发达，移栽成活率高等优点。扦插育苗应做好采穗母树的培育、苗圃地的选择与整理、剪穗与扦插、苗圃地遮阴和苗圃地管理等工作。

【注意】 短穗扦插能保持茶树品种性状一致，保持良种特性；有利于繁育推广优良新品种；有利于建立统一的茶园；插穗短、节省材料、繁殖数量多、土地利用经济。

1. 采穗母树的培育

采穗母树的培育除做好日常的肥培管理、病虫害防治外，特别要做好增施肥料和修剪工作。在施足氮肥的基础上，要增加磷、钾肥的施用量。供夏插的母树应在春茶前修剪，供秋插的母树在春茶采摘后马上修剪，修剪深度以能长出粗壮新梢为度，采摘茶园应剪去蓬面"鸡爪枝"、细弱枝。养穗期间，要加强病虫害防治，保证母树新梢枝叶健壮、完整。

2. 苗圃地的选择与整理

苗圃地应选择在交通方便、地势平坦、灌水和排水方便的农田或水田。土质要求疏松、微酸性的沙质或轻黏质壤土。前作为烟、麻、蔬菜的园地，不宜做苗圃地。苗圃地应全面深翻，精细做畦，畦面宽 100～120cm，长15m左右，畦沟面宽30～40cm，畦高15～20cm。苗圃地四周应开设排水沟及蓄水池。苗圃地一般施用腐熟的厩肥每亩（1亩＝667m²）1000～1500kg或饼肥100～150kg，配施过磷酸钙20kg。肥料要与畦面土拌匀，然后在畦面上铺上4～6cm厚疏松的红壤土或黄壤心土，每亩约用土20m³，铺匀后略加镇压，以备扦插时用。

3. 剪穗与扦插

从茶树母树上剪下的枝条，应放在阴凉潮湿处，以防失水过多。当天剪穗，当天扦插。剪插穗时应选取枝条1/3茎已变褐色的枝条，剪取的穗长3～4cm，每个穗上应具有1个饱满的腋芽和1片健全的真叶。通常1个节间剪1个插穗，节间过短的也可以2个节间剪1个插穗。剪口必须平滑，剪口斜向与叶向一致，腋芽上留2～3mm的枝，以防损伤腋芽（图3-1）。

标准插穗　上端过长插穗　上端过短、下端剪口方向错误插穗

插穗

扦插

图3-1　插穗和扦插

扦插一般在上午10：00前或下午阳光转弱时进行。先将畦面充分喷水湿润，待泥土不黏手时，按行距7～10cm，将插穗直或斜向插入土中，深度以露叶柄为度，边插边将土壤稍加压实。株距视叶片宽度而定，使叶片互不遮叠为宜。每亩苗圃扦插15万～20万个插穗，扦插后应立即充分浇水。

扦插时期：春插华南地区在2～3月，夏插在6～7月，秋插在8～10月。一般以秋季8～9月扦插为最好。此时插穗长得快、成苗率高、管理周期短，有利于降低生产成本。

4. 苗圃地遮阴

苗圃地搭棚遮阴，可避免日光强烈照射，降低地面风速，减少水分蒸发，有利于提高扦插成活率和幼苗生长。荫棚有高棚和低棚两种。高棚高65～100cm，逐畦搭盖。低棚高35～50cm，有的棚架为弓形。扦插后应立即盖好荫棚，并及时对破损的荫棚进行维修。

5. 苗圃地管理

搞好苗圃地管理对提高扦插成活率，促进幼苗生长有着直接的影响。要做到勤浇水、及时除草、防治病虫害、适量施肥等工作。

三　嫁接换种繁殖

所谓嫁接换种，就是先将老茶树地上部齐地台刈，选取符合要求的树桩做砧木，然后将无性系良种接穗嫁接在砧木上，通过一段时间的培养，便成为一个完整的砧穗共生体——嫁接茶树。这种嫁接茶树，地上部为无性系，性状一致，萌发整齐；地下部为有性系，根系分布深，抗旱能力强，克服了无性系与有性系茶树的不足之处。这种方法，我国前几年开始试验，浙江新昌、余杭等地已有一定的种植面积。

1. 嫁接的优点

从各地多项实践表明，与常规换种方法比较，老茶园采用嫁接换种具有以下几个优点：一是可缩短育苗期，加快良种繁育速度，接后一年便能达到常规换种2～3年的生长水平；二是可保持接穗品种的优良特性；三是可提早成园投产，有利于减少水土流失，比常规换种可提早2～3年成园投产；四是可减少改园投入，提高经济效益，据广东茶树嫁接技术现场会材料介绍，每亩茶园嫁接换种改造费比常规换种可减少 0.18 万~0.22 万元。

2. 嫁接技术

现有茶树嫁接方法主要有腹接、切接与劈接，以劈接培土代绑这种方法更易为茶农掌握。在此仅介绍劈接的操作技术。

（1）砧木劈切 将待改造茶园的茶树（砧木）在齐地面处剪断或锯断。剪截砧木时，要使留下的树桩表面光滑，并将茶园杂物及时清理干净。剪锯后的砧木，有些剪口较粗糙，可用刀、剪将其削平。根据粗度，用劈刀在纹理通直处的砧木截面中心或 1/3 处纵劈一刀。劈切时不要用力过猛，可以把劈刀放在劈口部位，轻轻地敲打刀背，使劈口深约 2cm。注意不要让泥土落进劈口内。

（2）接穗切削 接穗应削两面，呈侧对称的楔形削面，接穗长约 2~3cm，带有完整的 1 芽 1 叶，削面长 1~1.5cm。接穗的削面要求平直光滑，粗糙不平的削面不易接合紧密，影响成活。操作时，用左手握稳接穗，右手推刀切入接穗。推刀用力要均匀，前后一致。一刀削不平，可再补一两刀，使削面达到要求。

（3）插接穗 用劈刀前端撬开切口，把接穗轻轻插入，若接穗削面一侧稍薄，另一侧稍厚，则应薄面向内，厚面朝外，务必将插穗形成层和砧木形成层对准，然后轻轻撤去劈刀，接穗被紧紧地夹住。

（4）保湿遮阴 接穗插入后，在接口处培上不易板结的细表土，接穗的芽、叶露在土层外。培土之后，马上浇水，保持接口处湿润。嫁接过程中要做到及时浇水、遮阴，嫁接工作做到哪里，浇水、遮阴工作就应进行到哪里。

3. 嫁接茶树的田间管理

茶树嫁接后的田间管理在许多方面与扦插育苗及新茶园建立初期相同，主要有浇水、遮阴、除草、打顶、修剪、防冻、防旱等。同时需及时进行病虫害的防治，与普通茶园一样的耕作和施肥工作也应及时进行。只有精心管理，才能保证嫁接茶树有高的成活率，实现早成园的目的。

四 组织培养繁殖

组织培养是指根据植物体的每个细胞都能培育成 1 个单株的原

理，在无菌室的培养基上，利用茶树的根、茎、叶、花粉等器官，进行大量人工繁殖的技术。目前，由于组织培养所需成本较高，我国在茶叶上还没有大规模应用。

五　压条繁殖

压条繁殖是利用茶树枝条，压入土中，待生根后分离成苗，其主要优点是操作技术简单易行，无须特殊的设备和专门的苗圃；对于茶园中少量缺株的现象，可直接在园中压条补缺；压枝与母树相连，发根和茶苗生长过程中所需的养分与水分都可依靠母树供应，因而发根容易，成活率高，育成的茶苗根系发达，生长健壮，特别适合于一些发根困难的名贵品种的繁殖；繁殖周期短，一般在春季或初夏压条，当年秋或第二年春即可移栽。主要缺点是繁殖系数低，对母树产量影响较大。

压条繁殖方式方法多种多样，每种方法分别适应不同的气候、土壤和品种特点，有的甚至还结合了当地的茶叶采制习惯。压条的时期与方法对茶苗成活率有很大影响。

1. 压条的时期

一般茶区一年四季均可压条，成活率通常在 80% 以上，高者可达 100%。最适宜的压条时期应根据各地气候条件而定。据福建茶区的经验表明，以春茶后（立夏至芒种）压条最好，压条数量多，发根快，成活率高；春茶前（雨水至春分）压条次之；秋茶后（白露至寒露）也可压条。浙江、安徽等茶区认为 2~4 月压条最好。

2. 压条的方法

压条的方法较多，常见的有弧形压条、水平压条、堆土压条等几种。

(1) 弧形压条　弧形压条是把母树上的枝条呈弓形牵引到地面埋入土中，故又称弓形压条。此法对母树影响较小，繁殖的茶苗均匀、健壮，但繁殖系数小，1 株母树 1 次能繁殖 10 多株，多者也不过 30 株。此方式适用于茶园中就地补缺和小规模繁殖。具体操作方法是，在母树周围开深 10~15cm、宽 30cm 左右的浅沟。选取长度在 40cm 以上、茎粗 3~5mm 的红棕色长枝，摘除下段叶片，将中间适当部位扭伤作为发根部位，以使光合产物在向下输送过程中受阻累积于此，从而促进发根。扭伤处理时，用拇指和食指捏住要扭伤的部位，成45°角侧扭，以微闻破裂声为度，切不可过重。将经扭伤处理的枝条牵拉到沟中，扭伤部位置于沟底，用"竹马"（带叉的竹或树枝）固定后覆土压实，使枝条顶端10～15cm露出土外，保留4～5片叶片。

（2）水平压条 水平压条又称卧式压条。其特点是所压枝条的各节上都能生根长出茶苗，因而繁殖系数较大，一株母树一次可繁殖数十株乃至百余株，而且这种方法对母树的影响较堆土压条轻；不足之处是茶苗大小不匀。具体操作方法是，春茶前对上年台刈后长成的新枝进行打顶，促进腋芽萌发，当腋芽萌发到一芽二三叶时即可压条。压条时先在母树周围开6～7cm深的浅沟，沟宽随枝条长度而定，一般为40～50cm。然后将母树的枝条向地面牵引，使其平卧于沟中，用"竹马"分段固定好，并将各节上的新梢扶直向上，薄盖一层土，以保持每个新梢都露出地面。当新梢长到15cm左右时，再培土5～10cm，并压实。不久压枝的各个茎节便会生根，最后将其分别剪断便成一株株茶苗。

（3）堆土压条 堆土压条也称壅土压条。其特点是操作简便，繁殖系数大，一株母树一次可繁殖数十株到上百株茶苗，适合较大规模的繁殖。但对母树生长影响较大，不能连年繁殖。具体操作有两种方法：一种方法是在2～3月间对母树进行台刈，当发出的新梢长到15～20cm时，用黄泥土堆入茶丛中间，压实，使大部分新梢顶端只露出2～3片叶片，以后随着新梢的生长，逐步加土，一直堆到约30cm高，将其压实呈馒头形即可；另一种方法是在2～3月间选择上年春茶后台刈的母树，将枝条向四周分开，用黄泥土堆入茶丛中间，踏实成30～40cm高的馒头形，使枝条下段都被泥土包埋，仅露出顶端5～10cm的枝梢。

3. 压条的管理

压条育苗的管理，虽不像扦插育苗那样要求严格，但也不能掉以轻心，否则，也会影响压条的成活率及茶苗质量。

1）及时培土，加固压条：压条裸露、反弹是压条繁殖中经常发生的问题，如果不及时采取补救措施，便成为无效压枝。造成的主要原因是雨水冲刷，使土壤流失或"竹马"松动。因此，压条后要注意经常检查，特别是大雨之后，发现枝条裸露时，及时培土；已反弹的枝条，用"竹马"重新固定后培土。

2）适时追肥：压条发根后即开始追肥，以满足母树和幼苗生长的需求。追肥要淡肥勤施，每半个月左右施一次；肥料以稀释 5~10 倍的腐熟人粪尿为好，也可施用含量为 0.5% 的尿素、1% 硫酸铵。每亩施用 1500kg 液肥；施用时，将液肥直接浇于母树根际和压条附近，尽量避免沾到叶片上。

3）拔除杂草：压条周围的杂草要用人工及时拔除，不宜用锄头，以免松动或锄伤压条。要拔早、拔小，草长大后不仅拔起费力，而且容易松动压条。

4）抗旱保苗：虽说压条与母树相连，水分可通过母树供应，对旱害的抵抗力较强，但遇到严重旱情时，母树本身的水分得不到满足，幼苗更易受旱害。因此，在干旱季节要及时浇（灌）水，保证母树和幼苗对水分的需求。必要时还要对幼苗进行遮阴，以防烈日灼伤。

5）防治病虫害：压条茶苗的病虫害，一般都是从母树上传播来的。因此，防治病虫害，应从母树着手，在压条前要彻底消灭母树上的病虫，压条后也要加强检查，发现病虫及时治疗，其方法与一般生产茶园相同。

第四章
新茶园建设

茶树生长期长，在年发育周期中，具有很强的育芽能力。在一定条件下，不仅具有高产的可能性，而且在一定的年限内，同时具有相对稳产的可能性。生产实践表明，实现茶叶持续高产优质，土壤、密度、种子是基础，肥料、水分、管理是关键。由于各地所处的立地条件不一，应该有所侧重，但大致分为以下六个方面。

1. 林园环境

长期以来，新建茶园不太注意茶园生态环境，园地周围很少有林木种植，特别是片面强调连片集中开辟的茶园更是这样。具有林园环境是高产优质茶园的重要标志，特别是我国北部和沿海地区的茶园，营造防护林更具有重要意义。据田存方等在山东的调查表明，林带有效区较无林空旷区明显降低了风速，提高了气温，增加了土壤含水率（表4-1），对茶树安全越冬起了很重要的作用。

表4-1　防护林与茶园风速、气温及土壤含水率的关系

距林带/m	风速/(m/s)	气温/℃	0~20cm 内土壤含水率（%）
10	1.8	−2.1	18.2
20	2.2	−2.7	17.5
30	3.0	−3.0	16.3
40	3.7	−3.0	16.1
无林空旷区	5.0	−5.0	—

注：1. 调查时间：土壤含水率是1978年5月上旬调查的，风速、气温是1978年12月下旬调查的。

2. 茶园北、东、西三面有15年生的松树次生林，树冠平均高度为3m。

2. 土层厚度

茶树为深根系作物，土层肥厚有利于根系深扎，充分利用土壤营养，增强茶树抗旱、抗寒能力，达到枝繁叶茂的目的。湖南省农业科学院茶叶研究所在湖南省涟源茶厂做了茶树种植前深耕对3年生茶树生长的影响的调查，其结果见表4-2。

表4-2　茶树种植前深耕对3年生茶树生长的影响

项目 耕深	树高/cm	树幅/cm	春梢长/cm	每株茶重量/g	主根长/cm	主根重/g
浅耕 26cm	34.6	29.1	4.4	82.0	43.1	22.6
深耕 52cm	35.9	34.8	7.0	129.9	50.8	25.8
深耕结合施底肥	49.1	44.6	7.5	232.4	46.3	44.0

茶园土壤深翻，要在茶树种植前完成。种植后补行深翻不仅难以达到要求，而且必然损伤大量根系，带来不利影响。从现有高产稳产茶园的经验看，只要加强管理，稳产年限可达 20 ~ 30 年，甚至更长。

3. 选用良种

建设新茶园，选用良种是一个重要标准。不仅要注意选用产量高、品质好、抗逆性强的良种，还要注意早、中、晚生良种的搭配，以缓和采摘高峰，利于加工时均衡生产。

4. 合理密植

茶树合理密植，依环境条件和品种特性而异。例如，雨量分布较均匀的地区，或虽有干旱季节，但水源充足且有水利设施的茶园，以及选用直立型茶树品种的茶园，其种植密度可以较高；反之，种植密度应较低。所以种植密度是否合理，必须结合各地的生产条件而定。从我国现有的高产茶园的种植密度来看，长江中下游地区，每亩种植 3000 ~ 7000 株；华南茶区的部分大叶地区，每亩种植 1000 株左右，还是比较适宜的。

5. 能灌能排

茶树具有既怕旱又怕涝的特性。在干旱季节，水分是茶叶增产的主要限制因子。我国广大茶区都有不同程度的旱季。茶园多数建在丘陵山坡地带，土壤蓄水、保水能力一般都比较差，雨季又易出现水土流失。而缓坡平地茶园，局部地段雨季又常有渍水。茶园渍水，轻者影响茶树正常生育，不能获得高产；严重的根系霉烂，甚至整株死亡。因此，建设新茶园需要建立合理的排水、蓄水、供水系统，既要蓄水保墒，保持水土，又要能灌能排，保证水分符合高产稳产的需要。

6. 适应机械

茶叶生产的季节性很强，需要劳动力多。采用机械操作，可以使茶园管理、茶叶采摘、防治病虫害、肥料及鲜叶运送等作业，能根据茶树形成高产优质的需要及时进行，从而提高劳动生产率，达到最好的经济效果。

第一节 园址的规划与茶园建设

按照建设新茶园的标准，做好茶园规划与开垦，是茶园建设的重要基础。茶园规划与开垦的内容包括规划原则，园地开垦与设计，以及土壤熟化等。

一 规划原则

新建茶园建设要特别讲究质量。根据茶树对自然环境条件的要求和农业生产整体布局，在选好土地后，进行园地整体规划。在具体规划中，需按照实际情况，对区块划分、道路网、排灌系统、行道树、防护林等的设置，进行全面的勘察和设计。

1. 设置道路，划区分块（图4-1）

茶园道路系统，一般由干道、支道、步道、环园道组成。

1）干道：它是整个茶场的交通要道。对内是各生产区的纽带，对外与公路相衔接。路宽8～9m，纵坡小于6°，转弯处的曲率半径不小于15m，能供两辆卡车对开行驶。面积较小的茶园，场内不必设干道，只将场部与附近公路连接段按干道规格修筑。在干道两边应开设水沟，种植行道树。

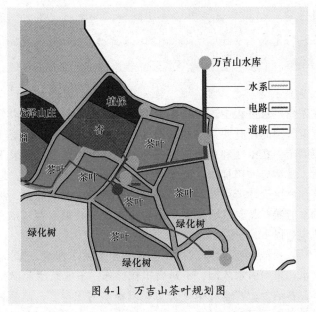

图4-1 万吉山茶叶规划图

2）支道：按地形和茶园面积设置，作为茶园划区分块的界线，是园内运输的主要道路，与干道交接。一般路宽4～6m，纵坡小于8°，转弯处的曲率半径不小于10m，能供一辆卡车或拖拉机单独通行。

3）步道：它为茶园划块的界线，是从支道通向茶园地块的道路，与茶行垂直或成一定角度相接，供进出茶园之用。路宽1.5m，纵坡小于15°。两步道之间的距离50～100m，若接近100m，也可在每块茶地中段设宽0.5～1.0m的浅沟，以利于人员来往。

4）环园道：设在茶园四周的边缘，为茶园与农田的分界。环园道可与干道、支道、步道相结合，故路宽不完全一致。专设的环园道一般路宽在1.5m左右。

总之，茶园道路的设置，要便于园地管理和运输畅通，应尽量缩短路程，减少弯路，少占园地面积。道路占地面积，依地形、地势有所区别。道路过多，不但浪费土地，而且容易切断茶行，有损园相；太少，不便于管理和运输。据各地经验，以控制在占全场土地总面积5%左右较为适宜。

【注意】 丘陵地区，多数坡度较小，山脊起伏不大，干道、支道应尽量考虑设在山脊分水岭上；如果坡度较大，山脊又起伏不平，干道应设在山坡坡脚。

2. 因地制宜，建立蓄、排、灌水利系统

在茶树生育过程中，尤其在生长季节里，需要较多的水分和较高的湿度，因此在有明显旱季的地区，缺水往往成为限制茶叶产量的主要因子。在山区和丘陵地区的茶园，遇多雨季节，如果不能及时排水，常常会冲垮梯级，流失肥土；地势低处又易渍水，造成茶树湿害。所以设计新茶园时，水利设施既要考虑多雨能蓄、涝时能排、缺水能灌，又要尽量减少和避免土壤流失。茶园蓄、排、灌系统一般包括以下几个方面。

1）蓄、排水沟。合理的沟渠系统要求能蓄水保墒，保持水土，排除渍水，旱季引水入园，不妨碍机械操作。平地茶园要以排水为主，排、蓄结合；坡地及梯级茶园要以蓄水为主，蓄、排结合。做到"平地茶园不渍水；坡地、梯级茶园小雨，中雨雨水不出园，大雨、暴雨积沙走水不冲园；遇旱需水水进园"。水沟一般是由截洪沟、横水沟、纵水沟组成。

① 截洪沟。这是为防止茶园上方积雨面上的洪水、树根、竹根及杂草等侵入茶园而设置的。如果茶园上方已没有积雨面及其他可能侵入的障碍物，则不必设置。截洪沟应按0.2%左右坡降设置。一般深50～100cm、宽40～60cm。沟内每隔3～5m留一个土坝，土坝要低于路面，拦蓄雨水泥沙。当雨水太多时，由坝面流出，减缓径流。

② 横水沟，又称为竹节沟，对留蓄雨水，减缓径流，积留表土，避免水从梯面漫出有很好的作用。据在坡度20°左右的茶园区观察结果，梯级茶园中有横水沟的，每亩一次可蓄水15290kg（不包括渗水量），相当于23mm的降雨量，水土流失临界时降雨量可达30mm左右。而没有横水沟的茶园，在雨量12～15mm时就产生径流，引起水土冲刷；全年30次水土流失中，有横水沟蓄水的茶园仅在6次大雨或暴雨时才有冲刷现象。

梯形茶园，每梯内侧应开横水沟。横水沟的深度与宽度，应考虑梯面的集水量。一般沟宽40cm左右、深20～30cm，每隔4～8m筑一个坚实土埂，土埂略低于梯面。没有建梯的缓坡茶园，根据坡度大小，每隔一定距离，也要设横水沟。坡地茶园的横水沟，一般隔3～4m筑一个土埂，每段沟底应适当降低倾斜度。5°～10°的坡地茶园，每隔10～15行茶树设置一条横水沟；10°～15°的坡地茶园，每隔5～10行茶树设一条横水沟；5°以下的平地茶园，则视地形、地势情况而有区别。在较大范围内比较低平的茶园，应增设横水沟，一般每隔一定距离（8～12行茶树）设一条横水沟。这种横水沟，沟底尽量水平或像纵水沟一样成一定倾斜度。每隔一定距离设积沙坑，既能沉积泥沙，又能及时排除积水。山腰设有横向道路的茶园，路的上方应设横水沟。坡地茶园的横水沟要以此为起点，向上向下按一定距离布置。

③ 纵水沟。它的主要作用是排除园内多余的水分。纵水沟设在各片茶园之间，道路两旁，或一片茶园中地形特低的集水线处，与截洪沟、横水沟、隔离沟相连接。沟深20～30cm、宽40～50cm。纵水沟与横水沟连接的地方要设置积沙坑。坡度较大的山地茶园，则应设置消力池，降低跌水的冲击力，减少冲刷。跌水墙可采用倾斜式或垂直式。山地茶园的纵水沟也应设置小水坝，拦蓄雨水，沉沙缓流。

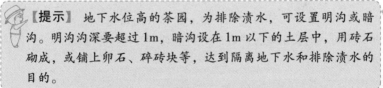
【提示】 地下水位高的茶园，为排除渍水，可设置明沟或暗沟。明沟沟深要超过1m，暗沟设在1m以下的土层中，用砖石砌成，或铺上卵石、碎砖块等，达到隔离地下水和排除渍水的目的。

2）灌水系统。我国茶园的灌溉方式，目前主要有地面流灌、喷灌、滴灌和地下渗灌四种，有关内容详见第七章。

3. 植树造林，绿化环境

（1）行道树的种植 在没有严重灾害性气象侵袭的茶区，宜在茶园周围、园内主要道路两旁种植行道树；在主渠道两旁、陡坡和沟谷边水土易冲刷的地方，则沿等高线营造水土保持林，绿化环境。

如江苏省宜兴县芙蓉茶场、红岭茶场，溧阳市李家园茶场等园林化较好的集体茶场，都沿沟道栽种了防护林。茶园区块围在行道树之间，每块10~15亩。行道树数量以茶园面积计算，每亩平均有20~25株。

（2）防护林带的设置　平地或缓地的大型茶场，特别是有灾害性干寒风和大风侵袭的我国长江以北和沿海地区，植树造林则要按防护林带的要求配置。在茶园进行划区分块、道路规划、沟渠规划等时，要统一考虑安排。要求达到防御灾害，绿化环境，不碍交通。设置防护林带要考虑林带结构、走向、间距、宽度等。

防护林带分为主林带和副林带两种。茶园防护林带以稀疏结构林为宜，即疏风林带。这种林带有几层林冠，由高大乔木树种和矮小的灌木树种、常绿针叶树种和阔叶树种结合而成；其结构上下稀密均匀，并分布着较多的小空隙。当气流通过林带时，受到枝叶阻挡，消耗了一部分功能，既削弱了风力，也破坏了气流结构。气流在林带的背风面形成大小和方向不同的小旋涡，不仅彼此作用，而且与由林带上方越过来的下降气流相互作用，相互抵消，从而达到降低风速的效果。

防护林带的走向与当地盛行的害风方向的交角，对防风的效果有很大影响。为防止旱风、寒风侵袭，在需要营造防护林带的地方，要在挡风面设主林带，并和风向垂直或成一定偏角。当防护林带方向与主要害风方向垂直时，防护效果最好。但由于害风方向并非是经常不变的，茶园地块也不一定和害风方向恰好垂直，因此配置防护林带时，就会出现害风方向与防护林带方向不相垂直而呈一定偏角的情况。

【提示】　山地茶园，由于地形复杂，坡向不一，主林带不可能完全与风向垂直。为适应地形，可以在茶园四周建立防护林带。与强风垂直的方向，则按主林带结构设置。

（3）树种选择　选择茶园防护林树种时，要求能适应当地的土壤、气候条件，要求植株高大、抗风力强、生长快，并尽量选用与茶树无共同病虫害的乔木型和灌木型树种，如松树、杉树、苦楝、榆树、合欢、樟树、柏树、女贞、油茶、紫穗槐等。种植时，各行交错栽成三角形；尤其要讲究种植质量，并按不同树种进行管理。

(4) 种植遮阴树 种植遮阴树，要注意选择树种。一般认为要选择根系分布较深、树冠宽大、叶片稀疏、病虫害少、冬季落叶的树种，最好选用豆科树种。广东省的实践经验表明，在北回归线以南，除高山茶园外，台湾相思、托叶楹是比较理想的遮阴树；在北回归线以北，霜期较短的地带，也可以种台湾相思。其他如大叶合欢、乌桕、黄檀等树种，也可选用并试种。

遮阴树的种植，最好在种植茶树当年选用大苗移植。如果树冠过大，遮阴度过密，要适当疏枝，以调节遮阴度，并注意病虫害的防治。

【提示】 茶园遮阴树，主要作用是降低光照强度和夏季高温，所以在纬度较高、雨水又多的地区不宜种植。

二 园地开垦与设计

茶园建立要求高标准、高质量，以优质、高产、高效、无污染为目标，实现茶树良种化、茶园水利化、茶区园林化、栽培科学化、环境无污化、生产机械化。

1. 园地选择

园地选择主要考虑茶树生长的生态环境、地形条件和土壤条件。

1）土壤条件：选择土层深厚、有效土层不低于60cm、土壤有机质含量丰富、pH在4.0~6.5之间的酸性土，北方酸性土的指示植物有马尾松、映山红、青冈、油茶等。

2）地形条件：坡度在25°以下，有水源，交通方便，且不在风口的地块。

3）选择离居民点不太远，且无污染的地块。

2. 园地规划

1）地块划分：按照地形划分地块，宜茶则茶，宜林则林，宜池则池，一般茶园面积占75%~80%，厂房、道路、渠系、防护林带占20%~25%。

2）道路网设置：干道、支道、步道的设置，确保运输方便。

3）水利设施：渠堰、蓄水池与道路网相配合；以水土保持为中心，保证小雨能灌，大雨能蓄能排。

4）园区绿化：按要求栽植防护林带、行道树、遮阴树。

3. 园地开垦

园地开垦的目的是清除园中障碍物，深耕和熟化土壤，为茶树生长创造良好条件。

1）初垦：初垦的深度在50cm以上，对坡度在15°以下的坡地，可建成平地或缓坡茶园；对15°~25°的坡地，按照"梯层等高，大弯随势，小弯取直，外高内低，外埂内沟，梯梯接路，沟沟相通"的原则，从下至上一次修筑梯面，建成等高梯地的茶园。

2）复垦：复垦深度为20cm以上，进一步打碎土块，去除杂物，整理地面。

3）开种植沟：在已整理好的地面上划行定线，行距1.5m。开种植沟，开宽60~70cm、深40~50cm的施肥沟，表土与心土分开堆放。

4）施足底肥：底肥要求施用有机肥，且越多越好，亩施农家肥3000~4000kg、磷肥50~100kg、枯饼肥（必须堆沤发酵才能施入）200kg。底肥施后，表土回沟距地表5cm左右等待栽植。

第二节 茶树的种植

遵循园艺学的精耕细作的方法栽种茶树，是获得茶叶高产优质的先决条件，但是由于经济、技术等原因，往往不能全部做到这一点。生产实践证明，种植茶树必须注重品种的选用和配置、合理密植、直播与移栽等问题，只有如此，才能使茶树提早投产，得到较好的经济效益。

一 品种的选用和配置

1）选用何种品种，必须根据本地区自然条件和茶类适制性而定。如原产于西南茶区的云南大叶种，长期生长在温暖潮湿的自然环境中，形成了不耐寒、旱的习性，如果不经驯化，直接引种于其他茶区，一遇低温（-5℃以下），则易遭受冻害；而原产于福建省的福鼎大白茶和原产于安徽南部的祁门种，其抗寒、抗旱力较强，适应性广。同时各种品种对不同茶类的适制性也不一样，如云南大叶茶的芽头粗壮，茶多酚含量高，适宜制红碎茶，其品质优异，具"滇红"固有风格；福鼎大白茶，嫩梢多毫，芽头小，适宜制绿茶；祁门种，芽头小，制工夫红茶具有特殊的"祁门香"，品质优异，制造绿茶也表现为香高味醇。因此，根据不同品种的生育特性和茶类适制性，选用适宜本地区的品种，是最经济有效的措施。

2）茶树良种不仅对气候条件有一定要求，而且对土壤、地势及栽培条件也有各自的要求。有的品种适宜在平地或丘陵地区推广，有的品种适宜在高山推广；有的品种树姿直立，分枝稀疏，顶端优势强；有的品种树姿开张，分枝稠密，顶端优势不强；有的品种育芽能力强，耐采摘；有的品种育芽能力弱，不耐采摘。目前在浙江、湖南、江西、贵州等地推广的福鼎大白茶，在土肥及栽培管理较好的平地或丘陵地区，表现高产优质；但是在高山或土肥条件差的地区推广，表现欠佳，甚至不及当地品种。据湖南省农业科学院茶叶研究所观察，福鼎大白茶自疏能力较强，育芽再生力旺，不仅耐手采，而且适应机采，在连续机采5年后，新梢生育力仍然旺盛，而当地群体品种连续机采3～4年，其新梢生育力大为降低，芽叶萌发二、三叶则出现对夹叶。因此要做到因地制宜选用品种，就必须对本土自然条件和品种的特性做全面的了解，以避免盲目性。目前推广的良种，可分为有性繁殖系和无性繁殖系两大系统。在同一自然区域内，一般来说，有性繁殖系品种，适应性强，耐瘠薄，耐采摘；而无性繁殖系品种，管理要求精细，对水肥条件要求较高，适应性差。因此，水肥条件差的地区，以选用有性繁殖系品种较好；土壤和水肥条件管理条件好的地区，则以选用无性繁殖系品种（品系）较为适宜。

3）选用品种，还要注意品种的配置，根据发芽期的迟早选配品种。据浙江大学观察，新梢的物候学特性与气温的关系甚为密切，不同品种对有效积温的要求不同。在春季，萌芽期及开采期（一芽三叶开展）的迟早相差可达20～30天。如在杭州地区的气候条件下，早生的黄叶早一芽三叶的开采积温为 283.1℃，广东水仙为 303.5℃，开采期在 4 月上旬；中生的毛蟹开采的有效积温为 548.6℃，开采期在 4 月 20 日左右；晚生的政和大白茶开采的有效积温为 749.1℃，开采期则要延到 5 月上旬。因此，将早生、中生、晚生的不同品种进行合理配置，能有效地调节采摘"洪峰"。

实践证明，注意早、中、晚生种的搭配，能降低春茶的产量高峰，延长采摘期，相对地错开了大忙季节的农事，缓和了劳力紧张的矛盾；同时能充分利用初制设备，提高品质，降低成本；并有利于按不同品种茶园，分批分片制订科学施肥，修剪，防治病虫害，茶叶采、制等常年管理计划。

【提示】 为了提高茶叶品质，发挥不同品种的个性优势，有计划地引进一些各具特点的品种，进行品种组合，在加工原料中，互相取长补短，可以提高产品的质量。

二 合理密植

茶园是由许多茶树个体组合而构成的群体，群体中每一个体都占有一定空间和土壤营养面积。在一定的土地面积中，如果种植的株数太少，只考虑到充分满足茶树个体的需要，最大限度地发展个体的生产力，就不能有效利用养分和光能，茶园群体的生产力不可能提高；反之，如果单位面积内种植的茶株数过多，个体生长条件得不到保证，也会导致茶树生育受到抑制，群体生产力过早衰退。因此，茶园群体和个体之间既是统一的，又是矛盾的。一般来说，当环境条件不能满足要求时，两者的矛盾便突出了。如我国长江中下游地区，7~8 月均有不同程度的干旱，在高温烈日的气候条件下，若茶园种植密度过高，因茶树蒸腾作用旺盛，耗水量大，土壤缺水，空气相对湿度也低，则水湿条件不能满足茶树生命活动的需要，常引起群体与个体间矛盾的激化，轻者茶芽萌发受到抑制，造成茶叶减产；重者枝叶枯焦，甚至造成植株枯死，最后不能获得持续稳产高产。因此，必须合理密植。

所谓合理密植，指在单位面积内合理地安排茶树的株数和种植方式。它包括两方面的含义，一是行株距，即排列方式；二是每丛定苗的株数。从国内各地高产茶园的种植密度和产量的情况可知：

1）华南茶区一般种植大叶种，如广东红星茶场、中龙茶场，种植的均为云南大叶茶，种植密度为行距一般为150~166cm，株距为45~50cm，每亩1000株以下。

2）江南、江北和西南部分茶区大都采用单条种植，种植密度行距基本上在150~165cm，丛距25~33cm，每丛定苗2~3株，每亩2500~7000株，这种行间宽、株间密的种植方式，使茶树组成了一个比较合理的群体结构，促进茶树幼年和壮年的生长，有效地延长稳产高产的年限。许多高产单位的经验证明，在选用良种和搞好茶园基本建设的基础上，加强肥、采、剪等技术管理，能提早成园，并获得高产稳产，4~5年生亩产干茶100~150kg，10年左右的亩产300~350kg，其稳产高产的年限可持续20年以上。

3）近年来，贵州、浙江、四川等地开展了多条栽试验，采取苗圃式的宽畦多行式布置茶树，把单位面积内的种植密度提高至16400~30000株/亩，在幼年期加强管理，2~3年内亩产干茶50~150kg，4~5年亩产干茶可达250kg以上。多条栽茶园具有成园快、投产早、早期经济效益高等优点，但是，随着年限的持续，常导致茶树个体生长的削弱，后期产量下降，茶树可能出现早衰。

综上所述，从各地种植密度试验和国内高产茶园的现行种植密度来看，合理密植是重要增产条件之一，然而又不是唯一的条件。在同一条件下，茶叶产量虽然随着种植密度的增加而增加，但不是按比例而增加的，如果种植密度超过一定限度，其增产效应就不明显，甚至有下降的趋势。

不同类型的茶树品种，由于分枝习性、树姿、树势等的差别，其种植密度也应有所不同。乔木型的云南大叶茶，其行、丛距要适当放宽，行距应放宽至1.8m，丛距40cm左右；灌木型的中、小叶种，行、丛距以1.5m×0.3m，每丛定苗2~3株为宜。分枝角度小的半开展型茶树，其行、丛距还可适当缩小。

不同地势、土壤和管理水平的茶园，其种植密度也应有所不同。坡度小、土层深厚肥沃、结构良好的土壤、管理水平较高的茶园，其行、丛距以 1.5m×0.3m 为宜，并适当地增加每穴种植株数；反之，坡度较大、土层浅薄、土质结构较差、管理水平又不高的茶园，行、丛距应酌情缩小。

三 直播与移栽

种植茶树，有茶籽直播和育苗移栽两种方法。茶籽直播，比较简便，便于大面积种植。育苗移栽，便于培育和选择壮苗，有利于成园。

1. 茶籽直播

我国新建茶园采用茶籽直播，既省工，技术也易掌握。各地经验表明，茶籽播种后，要求出苗早、齐苗快、成苗率高、生长量大而健壮。在保证茶籽质量的前提下，实现这一要求很大程度决定于播种时期、播种深度和播种方式三个方面。

(1) 播种时期　茶籽播种期较长，除严寒冰冻期外，一般从茶籽采收当年11月~第二年3月均可播种。冬播比春播出苗早，成苗率高，并可减少茶籽储藏手续。春播所用的茶籽，在冬季储藏期间应加强检查，不可因管理不善而使茶籽变质，降低茶籽生活力和发芽率。

在不能冬播的情况下，也可采用春播，但播种时间不宜超过3月底。因为随春季气温的升高，种子内的养分消耗加快，茶苗出土的时间也相应推迟，年生长参差不齐。春播的茶籽，在播种前最好用温水浸种，温水浸种不仅可起到选种作用，而且可以缩短萌发时间。但是浸种时必须掌握适宜程度，浸种时间以 3~4 天为宜，不宜过久，浸种的水温，维持在 25~30℃。在浸种基础上进行加温催芽，能发挥更好的效果。

据湖南省农业科学院茶叶研究所试验，茶苗的始苗期，浸种催芽处理的一般为4月下旬，浸种不催芽处理的推迟至5月中旬，催芽的提早21~27天出苗。茶苗的齐苗期，浸种催芽处理的，6月就可齐苗；浸种不催芽处理的，要延迟至7月，甚至推迟至8月。山东省在茶籽播种期间（4月上旬）正值旱季，他们除采用浸种催芽外，播种前还在播种沟上浇足水分，然后播种茶籽，立即覆土；并在覆土后的地表上，做成高出地表15cm左右的馒头形土堆，当地称堆土保墒，目的是保蓄水分，减少蒸发量。这对战胜干旱，提高出苗率，达到苗全、苗壮是一项重要技术措施，适宜于播种时有旱情的地区采用。运用这一技术措施时，还应该注意适时撤土。撤土期宜选择在茶苗要破土出苗而尚未达到地表时较为理想。撤土后再配合插枝遮阴，效果更为显著。

（2）**播种深度**　播种深浅对茶苗的出土期、出苗率和幼苗的生长关系极为密切。播种太浅，由于茶籽与地面接近，土壤容易干燥，或因阵性降雨的淋击和冲刷，产生"露籽"现象，使茶籽失去发芽能力；如果播种太深，则因覆土太厚，茶苗出土晚，且较纤弱，往往缺株较多，生长参差不齐。据湖南省农业科学院茶叶研究所试验，播种的适宜深度以 3～5cm 为宜。试验表明，播深为 3.0cm 的，始苗期为 5 月 16 日，盛苗期为 6 月 3 日，始苗期至盛苗期相距 18 天，当年苗平均高 31.08cm，成苗率达 76.5%；而播种 9.0cm 的，始苗期为 6 月 12 日，盛苗期为 8 月 20 日，始苗期至盛苗期相距 69 天，当年苗平均高只有 22.2cm，成苗率仅为 64.3%。可见，播种深度对苗期出土、成苗率影响是十分显著的。

茶籽播种的深度，应根据当地气候、土壤有所区别。质地疏松、排水良好的土壤，播深以 5.0cm 为宜；如果土壤质地黏结，覆土 3.0cm 也就够了。茶籽适当浅播，有利于幼苗的生长。

（3）**播种方式**　我国茶树种植方式，经历了由丛式向条式等距离穴播的发展过程。实践证明，以条式等距穴播为好。我国劳动人民在长期生产实践中，总结出"孤子不生"的经验，这是有一定科学理论依据的。穴播能增强茶籽出土的能力，有利于茶籽提早出土。同时在幼苗期间能够起到相互庇荫保温、保湿的作用，从而减轻干旱和冻害的危害，有利于增加茶树骨干枝数和加快树冠的形成。据浙江十里坪农场试验，每穴播种 10 粒茶籽，始苗期在 5 月 25 日，盛苗期在 6 月 7 日，出苗率达到 94%；而单粒条播的，始苗期为 6 月 1 日，盛苗期在 6 月 15 日左右，出苗率达 78%。由此可知，穴播比单粒播的，茶苗出土期早而整齐。播种粒数：经选种的茶籽，尤其是采用浸种催芽处理的，每穴播 3～4 粒；未经选种的，每穴播 5～6 粒。播种时要注意使茶籽均匀排列，能提高成活率。

2. 育苗移栽

当前在生产实践中，茶苗移栽成活率不高，移栽后生长缓慢，其主要是因为茶苗移栽，改变了原有的环境条件，同时苗的根系受到损伤，吸收水分和养料的能力减弱；当茶苗根系机能尚未恢复和新根长出以前，叶片的蒸腾作用继续进行，需要消耗大量的水分，因而影响茶苗的成活率和茶苗生长。

（1）茶苗规格　理想的茶苗，中小叶种茶树，以苗高 30cm 左右，并具有 1 ~ 2 个分枝，主茎粗达到 4.5mm 以上，根系发育良好为宜。

（2）移栽时期　确定茶苗移栽的最适宜时期，主要是选择茶苗地上部处于休眠的时期，此时移栽容易成活。此外，应根据当地气候特点，避免在干旱和严冬时期移栽。在上述两个条件同时具备时，以秋末、冬初栽培为佳。因晚秋移栽，地上部虽然进入休眠，而根系生长还有一个高峰，茶苗越冬后，根系机能已经恢复，并可长出新根，第二年春天即可正常生长。但冬季常有干旱或严重冰冻的地区，则以早春移栽为宜。我国茶区辽阔，气候条件复杂，必须因地制宜，灵活掌握。在长江中下游一带，秋季至早春均可移栽；而云南则以芒种至小暑移栽为宜。海南岛则以 7 ~ 9 月移栽较易成活。

（3）移栽技术　为提高茶苗移栽成活率要掌握以下要领：即时、沾浆、定植、浇水、封土、定剪。

> **【注意】**　无性系茶苗无明显主根，侧根多呈横向生长，入土浅，根冠比小，一旦遇到不良环境或管理粗放，极易死亡。一定要按要领来。

1）即时：茶苗要即起即栽，尽量缩短茶苗存放时间，减少茶苗体内水分损失，特别是从外地调运的茶苗，到后即时卸车，苗根向下平摆洒水，不要堆压，即时组织栽植。

2）沾浆：搅拌好泥浆，泥浆浓度以把茶苗根部沾上泥浆，又能使侧根舒展为标准。沾浆可保证茶苗成活率达到 95% 以上，否则成活率将降低至 70% 以下。

3）定植：要按行株距标准进行定植，定植时茶苗要大小分开栽植，小苗（20cm以下）每穴4~5株，大苗（20cm以上）每穴3~4株，深度为10~15cm，达到根系舒展、栽直、栽实。

4）浇水：浇透定根水。栽植后，如果出现连续晴好天气，一般是隔3~4天浇水1次，每次浇水要注意浇透，使根部附近的土壤保持湿润状态。

5）封土：浇水后土壤会下沉，要用细土封满。

6）定剪：将离地15cm以上部分剪除，减少上部水分蒸发，有利于根部生长及萌生侧枝，提高成活率。

第三节　幼苗期的管理

新茶园茶树种植后1~2年，处于幼苗阶段，尤其是当年出土或移栽的茶苗，由于枝叶娇嫩、扎根较浅，当遇到干旱烈日、低温严寒等不良气候，茶苗生长就会受到威胁，轻者生长受阻，重者植株死亡。因此为了提高栽植茶苗的成活率，促进茶苗正常生长，加强栽植后的管理十分重要。下面介绍茶树幼苗期管理的建议。

一　保苗

1. 浅耕培土

茶籽出土齐苗（或移栽）后，在旱季到来之前应抓紧时机进行浅耕培土。但表土层干旱形成板结后，则不宜再浅耕松土，以免伤害连在土块上的茶苗。可在茶苗周围30cm左右培上一层碎土，以减少水分蒸发。当杂草较多时，宜多锄两次，以免杂草与茶苗争夺水肥。

2. 铺草遮阴

在夏天到来之前，茶园铺草覆盖，可以减少土壤水分的蒸发，保护茶苗不受旱害。铺草范围在茶株两旁各30cm左右，铺草厚度为10~13cm，上压碎土。覆盖物要就地取材，茅草、蔗叶、麦秆、穗草等均可。茶园铺草不仅有保水作用，而且对防冻、防止杂草生长和水土流失都有很好效果。茶苗在幼年阶段喜湿耐阴，在茶苗出土后用松枝、杉枝或蕨类等遮阴，将其插在茶苗南面，避免阳光暴晒，这样做十分有利于茶苗的生长。如在英德茶区，全年或秋冬都要进行铺草，铺草要离开茶头 10cm。据试验，浅耕加铺草 2000kg，配施硫酸钾 20～30kg 的幼龄茶园，可增产 18%，土壤有机质增加 0.5%～0.6%，氮、磷也有所增加，茶园铺草对幼龄茶树快速成园和成龄茶园高产、优质、高效有重要意义。

3. 间种绿肥或豆科作物

在幼龄茶园间种绿肥，如太阳麻、田菁、山毛豆、萝卜、黄豆、花生等，既可起遮阴保苗作用，又可增加绿肥回田，提高土壤肥力。据试验，新植茶园间种太阳麻，幼苗成活率可提高 7% 以上，苗高、树幅、茎粗、分枝明显增长。太阳麻回田后土壤有机质提高 4%，水解氨提高 45mg/kg，速效磷提高 7mg/kg。2007 年在广东英德茶园幼龄茶树间作大豆试验表明，间种大豆后土壤有机质比对照提高了 8.33%～10%，土壤速效氮含量也有显著提高，比对照高了 17mg/kg。同时茶、豆间作能有效促进茶树生长，增加茶叶产量，增强幼龄茶园的树势，为成龄茶园的丰产打下基础。另外，在冬季种植绿肥的茶园温度能提高 0.6～6℃，冻害减少 7%～13%。

4. 人工灌溉

夏季旱期较长，采用上述防旱措施后，茶苗仍有萎蔫现象时，必须人工灌溉，在距茶苗 13～15cm 远的地方，挖 7～10cm 深的穴，浇上半瓢清粪水（50L 水兑三四瓢猪粪尿或 250～300g 硫酸铵），因其内含的盐分有利土壤保湿，应随即覆盖，以减少土壤水分蒸发。

二 补苗与间苗

新建茶园不论是直播还是移栽，一般均有不同程度的缺株现象，必须抓紧时间在建园后 1～2 年内将缺苗补齐，这就是补苗或补植。最好采用同龄的茶苗补，补苗要注意质量，沟开 30cm 深，要施底肥，选择生长一致的壮苗，每穴补植两株。补植后要浇透水，在干旱季节还要注意保苗。直播茶园有的播入种子过多，有的品种混杂，种子质量不高，从而造成茶苗生长参差不齐，所以要进行间苗。间苗时期宜在播种后第二年（茶苗 2 足龄）进行，2 年生茶苗根系发达，间出的茶苗也可作补缺用。间苗最好在 2 月中旬，选择雨后土壤湿润的时候进行，每穴留健苗 2～3 株。

三 适当施肥与间作绿肥

施肥不仅能为作物提供营养，同时也是培肥土壤的一项重要技术措施。施肥应该针对土壤特点，选用恰当的肥料。新垦的幼龄茶园，因树冠覆盖面积小，枯枝落叶也少，土壤有机质分解速度大于积累速度，故应多施纤维素含量较高的草肥、圈肥及堆肥等。同时以勤施薄施、先淡后浓、先少后多为原则，氮磷钾比例为2：1：1，试采茶园3：1：2，以水肥为主，沟施或穴施。第一次施肥在植后1个月，以后每15天~1个月施1次，施肥量在2龄前幼龄茶以8个纯氮（10kg 尿素）为宜，以后随树龄而增加，先松土后施肥。

绿肥富含有机质，豆科植物绿肥的氮素含量较丰富，茶园间作绿肥，可以增加土壤有机质和氮素含量，改善土壤理化性状，增强保水能力，减少和防止水土流失。在幼树期，由于土壤覆盖度小，茶园表土常常因暴雨造成水土流失，间作绿肥可以减少雨水对土壤的冲刷。据广东农业科学院茶叶研究所英德基地2006年、2007年茶、豆间作试验结果显示，幼龄茶园中间种大豆，大豆秸秆回田后，能改良土壤养分状况，特别是能显著降低交换性铝含量，提高土壤pH，增加土壤有机质、有效氮和全氮含量；有效促进茶树生长，增加茶叶产量，增强幼龄茶园的树势、培养树冠，为成龄茶园的丰产打下基础；有效改善茶园小气候，减少虫害和杂草的发生，显著提高茶园的经济效益。在南方茶区，高温季节常因太阳辐射热而使叶片灼伤，间作高秆绿肥，可为茶树遮阴，减少阳光暴晒，预防灼伤。但间作绿肥，尤其是高秆的夏绿肥，应注意防止绿肥与茶树争夺水肥、阳光，必须合理间作。

第五章
茶园土壤管理

茶树栽培技术，很多都是直接作用于土壤，改善土壤的水、肥、气、热状况，从而促进茶树生长良好，提高茶叶产量和品质，所以土壤是茶树生长的基础。

第一节 高产茶园的土壤条件

一 高产茶园的土壤特征

1. 土层深厚、疏松

茶树是深根系作物，其根系的垂直分布深度达 1m 以上，其中吸收根主要分布在 10～50cm 的土层内，因此茶园土壤的土层厚度必须满足茶树根系正常的伸展要求。王志华等调查表明，浙江宁波、绍兴地区亩产 250kg 以上的红壤高产茶园，有效土层平均厚度都在 70cm 以上，多数超过 1m。由此可见，茶树要想生长良好，具有较高的生产能力，种植茶树土壤的有效土层厚度达到 60cm 以上，是完全有必要的。

在土层条件相似的情况下，比较疏松的土壤对于茶树生长和茶叶产量、品质有良好的影响。杭州茶叶试验场的研究资料表明，在有效土层都很深厚又同为重壤土质地的红壤茶园中，土壤比较疏松的茶园生产力较高；土壤比较紧实的茶园生产力就较低（表5-1）。

因此高产茶园土壤的土层状况，多数都是有效土层深厚、表土耕作层比较疏松深厚、整个土体构型良好。

表 5-1　土壤松紧状况与茶园生产力关系

茶园名称	土壤名称	土层厚度/cm	土壤质地	土壤密度/（g/cm³）	土壤容重/（g/cm³）	土壤总孔隙度（%）	亩产（干茶）/kg
品种园	黄泥土	0~20	重壤土	2.64	1.12	58	400
		20~40		2.63	1.09	59	
		40~60		2.63	1.12	57	
2~3号	黄泥土	0~20	轻石质重壤土	2.56	1.13	56	247.5
		20~40		2.66	1.35	49	
		40~60	中石质重壤土	2.68	1.41	47	
和尚头	黄泥土	0~20	重壤土	2.69	1.39	48	158
		20~40		2.68	1.35	50	
		40~60		2.65	1.44	46	

注：土壤总孔隙度是根据土壤密度和容重计算得出的。

2. 土壤质地沙、黏适中

土壤质地对茶叶品质有一定的影响。茶区各地有"带沙土壤出好茶"的说法，早在唐代陆羽《茶经》中，即有茶叶"上者生烂石，中者生砾壤，下者生黄土"的记述。我国现今品质特别优异的高山名茶多出在这种质地疏松、有机质含量丰富的烂石、砾壤土。王泽农对传统名茶之一的武夷岩茶产地的土壤所做的调查得出，在当时当地气候、栽培等条件的综合影响之下，品质最佳的正岩茶主要产于沙砾土、砾沙壤土、沙壤土之上，品质稍次的中岩茶产于黏壤土、沙黏土之上。

3. 土壤水分和空气协调

茶树具有喜欢湿润的习性，除了需要比较潮湿的小气候以外，还需要土壤水分丰富这个条件。赵晋谦、许允文分别在不同茶园土壤测定，都认为红壤土茶园以土壤含水量达到田间持水量90%左右时，茶树生长最好，茶叶产量最高。土壤含水量降低到田间持水量的70%时，需要进行灌溉以补充水分。土壤水分进一步降低时，茶树生长和茶叶产量即会受到缺水干旱的影响。

茶树根系的良好生长，还需要土壤有较好的透水通气能力，以便获得充足的氧气。凡是比较疏松，结构性好，沙、黏适中的土壤，其透水性和通气性都比较好。适宜种茶的土壤，透水系数要求在0.001cm/s以上。逢大雨、滞水过湿、空气严重不足，对茶树生长不利。

4. 土壤酸性适宜，盐基适量

茶树需要酸性的土壤，即使是在pH为7.0左右的中性土壤上也不能良好生长。宜茶的土壤pH需要在6.5以下。我国各地亩产干茶200～250kg的高产茶园，土壤pH多在4.0～5.0；其中一些亩产干茶突破千斤的高产茶园，行间上下层土壤pH多数在4.0～4.7。因此可以认为，对于茶树生长最适宜的土壤酸度范围是较宽的，不只限于pH为5.0～5.5或是5.0上下。

茶树不能在有石灰反应的土壤中生长，虽无石灰反应而盐饱和度很高的土壤也会由于含有过多交换性钙而使茶树生长不良。所以那些由石灰岩、石灰性紫色砂页岩及其他盐基性岩石或母质风化形成的幼年土，还有一些原来是坟地、屋基地，长期施过石灰、草木灰的稻田、菜园等含石灰过多的零星土地都不宜种茶。大量资料表明，茶树生长还是需要一定的钙素作为营养元素的，如果缺乏钙素，茶树也就不能良好生长，并会发生缺钙现象而产生黄化症状。所以茶园土壤含有0.05%～0.10%的低量钙素（CaO），对于茶树生长以及保持土壤良好性状是有利的。

5. 土壤有机质及养分含量丰富

茶树本身的良好生长和形成较高的茶叶产量，需要不断地从土壤吸收大量的氮、磷、钾等养分，其中尤以对氮素的需要数量最多。茶园土壤肥力高低的重要指标之一就是土壤氮素含量的多少。茶树是一种耐肥性很强的作物，如果茶树树冠培育良好，土壤的其他条件都较适宜，可供利用的养分又多，那么茶树的高产潜力就能得到充分的发挥。

二 高产茶园的土壤肥力

根据茶叶高产必须具备的主要土壤条件，可以把茶叶高产土壤的特点归纳为：有效土层深厚疏松，耕作层比较肥沃，土体结构良好；质地不过黏过沙，既能透气通水，又能保水蓄肥；酸性反应较强，盐含量适度；有机质和其他养分含量丰富；作为土壤肥力四因素的水、肥、气、热彼此协调。

第二节 茶园耕作

茶园土壤耕作是茶园土壤管理的一项重要内容，它包括茶树种植前的园地深翻和茶树种植后的行间耕作。种植前园地深翻主要是清除土壤中的障碍物，改造成疏松深厚的有效土层，利于茶树生长（这部分内容已在第四章做了阐述）。茶树种植后的行间耕作，包括浅耕和深耕两方面，主要是疏松表土板结层，协调土壤水、肥、气、热状况，翻埋肥料和有机物质，熟化土壤，增厚耕作层，同时还可清除杂草，减少病虫危害；衰老茶树的行间深耕，还兼有更新茶树根系的作用。

 【注意】 行间耕作要与施肥、灌溉、铺草等栽培技术密切结合，扬长避短，提高土壤肥力，增加茶叶产量。

一 浅耕

茶园行间土壤浅耕，一般是指深度不超过15cm的耕作。其主要作用是破除土壤板结层，改善土壤通气透水状况，消灭茶园杂草。

在茶园覆盖度低、行间容易滋生杂草的茶园，浅耕主要是防杂草，减少杂草对土壤水分和养分的消耗。这种以除杂草为主要目的的浅耕，在进行时间、次数和深度安排上就以杂草发生情况为依据。在杂草发生的夏秋时节，就要增加浅耕次数。在覆盖度高、杂草少的茶园，多为茶树生长良好、产量较高的茶园，这种茶园由于采摘、施肥、防治病虫害等田间作业比较频繁，行间表土层土壤容易被践踏板结，进行浅耕主要是疏松土壤，一般每年进行2~4次。对于土壤质地黏重的茶园，浅耕尤为必要。如果浅耕是以减少土壤水分蒸发，加强抗旱能力为目的，应在旱前雨后及早进行。

浅耕工具，各地习惯于使用四齿耙。这种耙，齿头尖利，齿间有较大间隙，耕作时可以减少对茶树根系的损伤，比用锄、犁优越。近年来，有些单位推广应用机器进行茶园浅耕，提高了工作效率。

二 深耕

茶园行间深耕深度一般都在15cm以上。由于深耕深度较深，它对改良熟化土壤的作用要比浅耕强，但对茶树根系损伤较多，这对于成龄茶园来说，由于暂时削弱了茶树树势，有可能降低产量。然而对于幼龄茶园来说，深耕有利于促使幼年茶树根系向下伸展；对于衰老茶园来说，有利于更新根系，起到复壮树势的作用。因此茶园行间深耕必须根据不同的茶园类型，灵活掌握。

1. 幼龄茶园的深耕

茶树种植前经过深垦的幼龄茶园，行间深耕一般只是结合施基肥深挖基肥沟。基肥沟深度宜在30cm左右，种茶后第一年施基肥的部位要离开茶树20～30cm，以后随着茶树的长大，基肥沟的部位离开茶树的距离也应该逐渐加大。

2. 成龄茶园的深耕

茶树成龄投产以后，在整个茶行间都有茶树根系分布，如果行间耕作过度，就会使茶树根系受到较多损伤。因此，为了少伤根系，一般成龄茶园行间耕作以深度不超过30cm，宽度不超过50cm为宜。在生产上，成龄茶园深耕也是与施用基肥相结合的，很少单独进行深耕。

成龄茶园行间深耕，除了深度、宽度要适宜外，还需要适宜的时期。深耕一般是在全年茶季基本结束时进行，因为在这个时期进行深耕施基肥，即使耕断了部分根系，暂时使茶树树势有所削弱，但是全年茶季即将结束，已不会影响当年的茶叶产量；同时更由于茶树本身年发育周期已到了地上部生长逐渐停止、地下部根系开始旺盛生长的时期，这个时期对于断根的再生恢复有利。但由于各地气候条件不同，全年茶季的结束时期各地也不尽一致，所以，各地深耕适宜时期也有迟有早。山东省的一些产茶地区茶季结束早，并且冬季寒冷，有时土壤冻土层厚达 20cm 左右，所以深耕要早，宜在 8 月底以前完成。

3. 衰老茶园的深耕

衰老茶园的土壤深耕，应结合树冠更新进行。深耕的深度和宽度都比较大，一般行距为 1.5m 的茶园，深度和宽度以不超过 50cm×50cm 为宜，并要结合施用较多的有机肥进行。有的地区将这种耕作称为深耕改土。深耕改土时，要求上下土层翻动，土肥混匀。深耕的时间宜在树冠更新的前一年秋季和初冬进行。茶园行间深耕是一项花费大量劳力的作业，需要进行机械耕作，以节省劳力。

我国在 20 世纪 70 年代后期出现了"密植免耕"茶园，这种茶园在种茶之前都会进行土壤深耕，由于茶树实行高度密植，行距不到 50cm，致使行间无法耕作而免耕。这种免耕和行间可以耕作而免耕两者之间是有区别的。

第三节 茶园除杂草

在茶园土壤管理中，除草是一项主要的并需要经常进行的作业。杂草对于茶树的危害很大，它与茶树争夺土壤矿质养分，大量消耗所施肥料；天气干旱时争抢土壤水分，从而使茶树的矿质养分和水分供应状况恶化。因此杂草要及时地防除。下面介绍茶园除杂草的几项措施。

一 防治杂草的栽培措施

我国现行茶树栽培技术中，很多措施具有减少杂草种质或者恶化杂草生长条件的作用，有利于防治或减少杂草的发生。

1. 深垦

在新茶园开辟或是老茶园换种改植之际，实行深垦，可以大大减少茶园各种杂草的发生。但深垦的质量一定要好，宜以人工进行分层深翻，力求把草根集结的表土完全翻埋于 50cm 以下的底层，而把翻上来的心土盖压在表面。

> **【注意】** 深埋的草根、根茎、块茎即使萌发新芽也终因未能出土而死亡。

2. 梯壁及时除草

茶园梯壁生长各种杂草，这有利于保持泥质梯壁少受雨水侵蚀，但其所结草籽极易落入茶园之内。去除梯壁杂草宜割不宜拔，固定水土，一定要及时。

3. 施用腐熟的厩肥

以杂草堆积而成的堆肥和厩肥，常混有大量草籽，如果未经充分腐熟，仍有发芽能力，当随肥施入茶园后，就会增加杂草的发生。因此堆肥腐熟时，最好应使其温度达到 40~50℃并经过 1~2 天后再施用，这样既可以杀死大部分杂草种子，还可以改善肥料质量，提高肥效。

4. 间作绿肥和铺草

幼龄茶园行间空旷、较大，适当间作绿肥，不仅能增加茶园有机肥来源，而且能使杂草生长空间缩小。

茶园铺草可以使被压在下面的杂草由于长期得不到光照而黄化枯死，这对用来防除附子等杂草效果最好。

5. 茶园遮阴

在生产上，利用大多数杂草需要较强光照而不耐阴的特点，扩大茶园覆盖度，用来消灭茶园杂草。实践证明，茶园覆盖度达到80%以上时，茶树行间地面的光照已明显减弱，杂草发生的数量及其危害程度大大减少。

二　耕锄杂草

茶园一经发生杂草危害，即需耕锄杂草，以免造成草荒而受到损失。我国茶区有采用人工除草的，也有采用畜力和机械除草的。为了节省成本，应该是将人力与机械相结合，提高除草效率。

三　生物防治

从食性层次来看，杂草是供食者，许多昆虫、病原体、脊椎和无脊椎动物对杂草的生长均有抑制作用。运用昆虫控制杂草的繁殖有成功的例子，如引进叶甲防治水葫芦。茶园杂草可以通过在茶园中放养山羊、猪、旱鸭、鹅、火鸡、鸡及牛等食草动物进行生物防治。如浙江省安吉县溪龙乡华山茶厂在茶园中放养了 300 只鸡，茶园中的杂草量明显减少，即使不去割除，也不会造成草荒。

四　化学除草

使用化学药剂防除杂草是现代农业生产中的一项重要技术。化学除草具有使用方便，杀草效果好，节省大量人工，经济效益明显等优点。同时由于我国的除草剂合成工业有了较大发展，各种高效除草剂已能生产供应，为生产茶叶节省了成本。

1. 除草剂的种类和作用

一般来说，除草剂有易分解的和不易分解的两大类。目前推广的是绝大多数是易分解的除草剂，其中尤以高效低毒、能够自然消解而不会长期残留的有机磷除草剂品种多，能适应不同需要。

茶园使用的除草剂必须具有除草效果好，对人、畜、茶树都比较安全，对茶叶品质无不良影响，对周围环境污染较少的特点。适合茶园的除草剂种类比较多，茶园常用除草剂见表5-2。喷洒时，尽量避免与茶树接触。每种药剂的残效期，短的为20～30天，长的可达80～90天。但由于一种除草剂只能对某一类杂草发生作用，一般不能防除全部杂草。因此，使用时，最好将几种除草剂混合使用，以提高除草效果，降低使用成本。使用时期，要根据当地杂草生长情况，以在杂草生长集中、三叶期之前进行为好。

表5-2　茶园常用除草剂

除草剂名称	类　　型	用量/（g/亩）	防除杂草	兑水量/（kg/亩）
草甘膦	10%水剂	250～500	莎草、白茅、青茅等深根性杂草	
西玛津、阿特拉津	50%可湿性粉剂或40%胶悬剂	150～500	大面积杂草	
茅草枯	87%粉剂	250～500	禾本科杂草	50～60
扑草净	50%可湿性粉剂	250～500	马唐、蟋蟀草、马齿苋等	
绿麦隆	25%可湿性粉剂和50%可湿性粉剂	250	大面积杂草	

2. 除草剂使用的时期

应根据杂草种群和选用的除草剂选择施药方法与时期而定。土壤处理法除草时应在无露水条件下进行;茎叶处理法除草最好应选择无风的晴天施药,以免茶树沾着药液而受害。适时用药是茶园化学除草工效高低的关键。一般情况下,在杂草生长的旺盛前期施用除草剂,既高效,又省药。除草剂在茶园使用的次数,应视茶园杂草情况而定,对于以马唐、狗尾巴草、早熟禾、看麦娘、繁缕等簇生卷叶为主的杂草茶园,年喷药1~2次,第一次在4~5月间,第二次在6~7月间。对于春、夏、秋季都以禾本科杂草为主的茶园,可以在春夏之间的5~6月,以及夏秋之间的7~8月,各喷施1次除草剂,可发挥较好的效果。

第四节　茶园土壤改良

我国茶区都存在一些不良的土壤,这些不良土壤,有的在种茶前即已存在,而种茶后一直没有得到改良;有的种茶前是较好的土壤,而在种茶后的长时期内,土壤管理失调,致使土壤逐渐变坏。

改良茶园土壤,在新茶园开辟之前及老茶园换种改植之时进行最为合适,因为这时既没有茶树阻挡,又能比较彻底改良土壤和茶树立地条件。至于现有茶园的不良土壤改良,只能在茶树行间进行,效果就会差些。在进行改良之前,必须对不良土壤进行详细调查,弄清不良因素及其障碍程度,然后针对主要因素,采用有效方法进行改良。根据各地经验以及有关研究,现将常见的不良茶园土壤及其改良方法分述如下。

▬ 一　土层薄和质地不良的土壤改良

土层浅薄,即将开垦种茶的荒坡,以及未曾修筑梯级的坡地茶园,由于长期受到雨水冲刷,上层土壤被侵蚀流失、残留粗砂石渣,下层底土、母质露出,使得全土层厚度不足30~50cm,茶树根系不能向下深扎,只能顺坡伸展,而且薄层土壤中的水分和养分不多,一到旱热期,茶树就会缺水受旱,轻则新梢停长,重则茶树焦叶枯枝,乃至死亡。改良这种土层过薄土壤的方法如下。

1. 做好水土保持

坡地茶园往往土层较薄，这是长期水土流失造成的后果，因此凡是坡度大于15°的陡坡，一定要修成梯级后种茶；未修的要补上，缓坡要采取行间铺草或种植绿肥的措施，减少水土冲刷。

2. 深耕改土

若土层薄，底部是半风化体存在的茶园土壤，可以采用深耕的办法，将半风化的土壤翻松，同时施入较多的有机质肥料，促使风化酥散形成新土，即可使全土层增厚。改土是提高茶园单产的基础。通过深翻、施肥，使"死土"变"活土"，"活土"变"熟土"，为茶树诱发新根、吸收水肥创造良好的条件。

3. 加培客土

在土层浅、下层又为岩层且无法进行深耕改良的茶园，只有采用客土培土办法，从周围搬取大量土壤来加厚茶园土层。此法简便易行、效果显著，是各地茶区广为采用的主要改土措施。安徽省舒城县青岗岭上70多亩茶园，于1974年通过大量加培客土的方法，使土层厚度由原来的26.4cm增厚到80.0cm，结果使茶叶连年增产，茶叶产量由改土时的亩产干茶37.7kg增加到1977年的251.6kg，增产近6倍。这种事例，各地茶区都可见到。客土应选择森林表土、塘泥等有机质丰富的肥土，每亩约300担（1担=50kg）。土壤黏重的茶园宜用沙壤土，土壤沙性大的茶园宜选用黏土或塘泥等。

二 硬墣土壤改良

硬墣土壤是表土层下边的硬实土层，茶树在这种土壤上生长不良，对茶叶生产影响很大。改良措施主要有：一是将换硬土层和全面深耕相结合，破碎硬土层，加厚有效土层，使茶树的根系伸展分布得深一些；二是做到地面及土层内排水，不使出现临时滞水、土壤过湿的不良状况。

对于硬墣土壤低产茶园采用开深沟施重肥的方法进行改良，也有明显促进茶树生长、提高茶叶产量的作用。

三 酸性不适土壤改良

茶树要求生长在酸性土壤内。在 pH 为 6.5 ~ 7.5 的土壤中，茶树虽能成活，但往往生长不好，产量不高。在 pH 7.5 以上的碱性土壤内，茶树就不能生长。

根据葛铁钧、王志华在甘肃临夏的调查表明，在 pH 大于 7.5 的碱性土壤内试种的茶树，表现如下。

1）茶树生长缓慢，1 年生茶苗高仅 4.2~8.7cm，2 年生茶树高 8.2~8.4cm，且不易过冬。

2）叶片黄化或叶脉附近绿色，叶肉黄绿色。

3）2 年生茶树节间变短，叶片簇生，顶部叶片发白枯焦。

4）主根短小，侧根细少，根系生长很差，不少幼年茶树自根尖开始呈茶褐色，渐向侧根、主根扩展，最后导致茶树死亡。所以 pH 大于 6.5 的土壤对于茶树来说都是酸性不足的土壤。

1. 对于酸性不足的茶园土壤改良

对于酸性不足的茶园土壤改良，在小面积上可以办到，大面积进行比较困难。主要改良方法有以下几种。

1）深翻：对于表层中性、下层酸性的土壤，用深翻的方法将中性的表土和酸性的心土充分混合之后，即能得到改良。

2）换土：对于同一块茶园，由于其他因素引起的土壤不适，可采用把这些土壤的大部分挖走，再把园外的酸性土壤运来回填，和剩余的土壤互相充分混合的方法改良，这样在改良本身土质的同时，也能使周围酸性过强或偏碱的土壤一并得到改良。

3）施用生理酸性肥料：如硫酸铵、硫酸钾等化肥。长期施用这些生理酸性肥料，对于酸性不适的茶园土壤有明显的改善作用。经安徽省农业科学院茶叶研究所测定，亩施硫酸铵 20kg 以上，4 年后行间土壤 0~40cm 土层 pH 为 4.4~4.9，比不施的下降 0.6~0.8。董德贤等用硫酸铝和硫酸作为酸化剂对拟植茶园中偏碱性土壤进行土壤酸化试验，结果表明，两种酸化剂均能迅速酸化土壤，硫酸铝的酸化效果高于硫酸。同时提出，在施用酸化剂后，为提高土壤的缓冲能力，保证茶树必需的矿质养分，有必要同时配施大量有机肥；也可施用一些生理酸性无机肥，如硫酸铵、磷酸铵，以促进土壤酸化。

4）化学改良：采用硫黄粉、硫酸亚铁等对中性土壤改良具有较好的效果。如原临沂地区茶叶试验研究站用硫黄粉对当地茶园土壤pH在7.0左右的园片进行试验（表5-3），能使该园片 pH 降低1.0～2.5，并且还使行间土壤的 pH 也有所降低。曹绪勇针对因土壤酸性不够（pH 为 6.0 以上）而形成的低产茶园，广泛采用茶园增施硫黄粉的措施，达到了调酸增产的显著效果。其方法是秋冬季在茶行两边开 10～20cm 深的浅沟，结合基肥施用硫黄粉 30～40kg/公顷，再在茶行根际 60～80cm 宽的范围内撒施硫黄粉 20～30kg/公顷后，全园浅松土一次。第二年，经测量土壤 pH 降低 0.8～1，鲜叶产量增加。

表 5-3　中性土壤硫黄粉酸化效果

土层/cm	土壤酸化前的pH	土壤酸化后的 pH					
		50kg/亩		100kg/亩		150kg/亩	
		3 个月后	15 个月后	3 个月后	15 个月后	3 个月后	15 个月后
0～20	7.02	6.70	5.97	6.80	5.48	6.35	4.98
20～40	6.62	6.70	4.99	6.91	4.53	6.20	4.04
40～60	6.62	6.70	5.77	6.79	5.34	6.50	5.33

注：春季茶籽播种前，把硫黄粉拌入有机肥后施入宽30cm、深50cm的种植沟内，覆土后播种茶籽。

5）多施农家肥，改良土壤，培肥地力，增强土壤的亲和性能，如施入腐熟的粪肥、泥炭、锯木屑、食用菌的土等。

2. pH 在 4.0 以下酸性过强的茶园土壤改良

酸性土壤改良方法：酸性土壤的特征是"酸""瘦"（速效养分低，有机质低于 1.5%，严重缺有效磷）、"黏"（土质黏重，耕性差）、"深"（土色多为红、黄、紫色）。在这些土壤上种植作物，不易全苗，常形成僵苗和老苗，产量低，品质劣。改良方法如下。

1）土壤增施有机肥，尤其是一些厩肥、堆肥和土杂肥等，并改进施肥结构，能够缓解土壤酸化。适用于没有明显酸化的茶园土壤。

2）适当的农业管理措施。

① 在茶园栽培管理的各项环节中，应尽量减少茶树修剪和凋落物还园所造成的茶园土壤酸化。另外，深耕可以缓和土壤酸化进程。

② 平衡施肥。平衡施肥是保持土壤 pH 的重要途径。在茶园施肥中不能只强调施氮肥，要氮、磷、钾及中量元素配合施用。在肥料品种上也不能只施用某一品种，要使几种形态肥料交换施和轮流施。据研究，尿素对土壤的酸度影响比硫酸铵和硝酸铵要小；氮肥的带状施用能够减轻土壤酸化程度。实行测土配方施肥或将几种肥料经复配施用效果更佳。另外，在茶园中，施用根据茶树吸肥特性而研制的茶树专用肥，值得推广。

③ 使用植物物料改良剂，如作物秸秆。姜军等通过培养试验，比较研究了水稻秸秆和大豆叶（柄）对酸化茶园土壤的改良作用，发现植物物料在提高土壤 pH 的同时，降低了土壤交换铝的含量。

3）施用石灰，同时配合施用其他碱性肥料（草木灰、火烧土等），但不能长期和频繁地施用石灰。据报道，日本、前苏联、印度和斯里兰卡都曾用石灰以提高土壤 pH。

4）施用农用矿物，如石灰石、磷灰石、沸石、海绿石等，将它们施入茶园后，其化学组成成分中钙、镁、钾等碱性的离子可以适当地降低土壤的酸度。此方法适用于明显酸化的茶园土壤。吴志丹等研究生物黑炭〔黑炭是生物体不完全燃烧产生的一种非纯净碳的混合物，它含有 60% 以上的碳，主要包括各种作物秸秆及生活垃圾（椰壳、桃核及杏核、木材、锯末、纤维素、稻壳、玉米穗轴、糖、骨头等）〕对酸化茶园土壤的改良效果显著。

5）施用工业副产物，如白云石粉、磷石膏、磷矿粉、粉煤灰、碳法滤泥、黄磷矿渣粉等。对于已经明显酸化，土壤 pH 降到 4.0 以下的茶园，施用过 100 目的白云石粉（碳酸镁 + 碳酸钙）225kg/公顷，在秋冬季与基肥掺和施用，每年 1 次，或隔 2~3 年施 1 次。这些工业副产品，虽然比较廉价，但是其中有些如磷石膏、磷矿粉、粉煤灰含有一定量的有毒重金属元素，虽然含量较少，但是也存在着对环境的污染，不符合当今提倡的无公害茶叶和有机茶叶的生产要求，应慎重使用。

进入 21 世纪以来，茶产业大力发展，长江以南和长江以北茶区都在积极地开拓新的茶园，有些土壤不太适宜种植茶树，但是人们积极采取各项措施进行土壤改良，进行茶树种植，创造了可观的经济效益。总之通过调节土壤 pH，可以有效地解决土壤酸碱度对茶树栽培的限制，是扩大茶树栽培和促进茶树生长的一种切实可行的方法。

第六章
茶园施肥

第一节　茶园主要肥料种类

可作为茶园土壤施用的肥料种类很多，各种肥料的营养成分含量各不相同，对茶树生育和培肥土壤的作用也有差异。从大类上可将这些肥料分为有机肥料、无机肥料和生物肥料等。

一　有机肥料

茶园施用的有机肥料主要有饼肥、厩肥、人粪尿、海肥、堆肥、腐殖酸类肥和绿肥等。饼肥是我国茶园中使用比较广泛的有机肥料，使用较多的有菜籽饼、棉籽饼、茶籽饼、大豆饼、花生饼、桐籽饼等，其营养成分完全，有效成分高，尤其是氮素含量丰富，碳氮比低，施用后养分释放迅速。厩肥主要有猪栏肥、牛栏肥、羊栏肥和兔栏肥等。厩肥的碳氮比高，适宜用作茶园底肥和基肥，特别适用于新辟茶园，幼龄茶园及土壤有机质含量低、理化性质差的茶园，是比较理想的改土肥料。人粪尿一般呈中性，速效养分含量较高，可作为基肥和追肥施用。堆肥是采用枯枝落叶、杂草、垃圾、绿肥、河泥、粪便等物质混杂在一起经过堆腐而成，其纤维素含量高，改土效果好，可促进茶树根系生长，提高茶叶的产量和品质。腐殖酸类肥料是利用泥炭、草炭等为原料，通过氨化后制成的，因其含有丰富的腐殖酸，而对提高茶园土壤有机质含量、改良土壤理化性质、增加土壤肥力等有良好效果。这些有机肥料的营养成分较完全，肥效缓慢而持久，多作为基肥用，有的经沤制腐熟后也可作为追肥用。

为解决茶园所需的有机肥料，广大茶农在生产实践中，通过"种、养、积、制、铺"等途径，自力更生、因地制宜广辟肥源，积累了丰富的经验。

1. 种

在茶园间作绿肥是自力更生解决茶园有机肥料来源的一条重要途径。茶园间作绿肥尤其是豆科绿肥，能改良土壤理化性质，提高土壤有机质含量和含氮水平，还可减少地表径流，防止水土流失。此外，有的茶园绿肥还可作为家畜饲料。因此，除幼龄和台刈改造的茶园应间作绿肥外，要充分利用茶园地边、路边、沟边、梯边、坎边、塘边及溪边等零星空闲地，种植多年生绿肥，如爬地兰、木豆、紫穗槐、胡枝子及葛藤等植物。为避免绿肥与茶树争肥、争水和争光现象发生，要因地制宜地选好绿肥种植。如1～2年生幼龄茶园，要选用日本草、伏花生、绿豆等矮生的或匍匐型绿肥。而3～4年生的茶园，则可选用乌豇豆、黑毛豆、小绿豆等早熟、矮生的绿肥。季节不同，种植的绿肥也不同，一般秋冬种植豌豆、苕子、黄花苜蓿、紫云英、肥田萝卜等，春夏种植的有黄豆、绿豆、大叶猪屎豆、木豆、田菁等。绿肥利用方式主要有直接埋青、制堆肥、沤肥、作茶园覆盖物以及沼气原料和牲畜饲料。

2. 养

大力提倡茶厂办养殖场，茶农养猪、牛、兔和家禽，利用畜禽粪便堆沤造肥。据统计，一头猪一年可积一吨优质厩肥，不仅肥效高，且肥效持久，一般在秋冬季节作为基肥施用。

3. 积

积土杂肥。要充分利用茶园杂草、山草、树叶、作物秆叶、草皮泥、林地表土、塘泥、河泥、沟泥等丰富资源，就地取材，进行堆沤后，再做茶园肥料。要坚持季节性积肥和常年性积肥相结合，勤积勤管。

4. 制

一是利用当地肥源简单加工生产肥料，如将泥炭土粉碎后加入适量的氨水，经沤制熟化后成为腐殖酸类肥料；将塘污泥等晒干粉碎后加入人畜粪尿并堆积后作为茶园肥料。二是在有条件的茶区，可利用城市中的粪便、垃圾、废水及大型畜牧场的畜禽粪便等作为原料，经无害化处理后，用工厂化加工生产出有机肥料，使有机肥料生产形成工厂化、规模化、标准化和商品化，这将大大缓解茶区有机肥料的不足，有利于茶园优化施肥技术和生态环境的改善。

5. 铺

铺是指茶园铺草。可在春夏季节，就近割草刈青铺园，或用茶园除草后的杂草，或用刈割种植的绿肥，或用粮食作物的秸秆以及茶树修剪下来的枝叶进行铺园。茶园铺草的好处很多，既能增加茶园土壤有机质，又有利于保持水土，应大力提倡，广为应用。茶园施用的肥料有很多，各种肥料的营养成分和副成分的含量，各自的物理、化学性质以及施入土壤后所产生的效应差异明显。所以，为更好地发挥施肥的增产作用和改善茶叶品质，应根据茶树的生物学特性、茶园土壤特性、茶区的气候特点以及茶园的耕作制度和管理水平等选择施用。

二 无机肥料

无机肥料又称为化学肥料，按其所含养分分为氮素肥料、磷素肥料、钾素肥料、微量元素肥料和复混肥料等。茶园常用的氮素化肥按其组成可分为三大类：

① 铵态氮肥：主要有硫酸铵、氯化铵、碳酸氢铵、氨水等。

② 硝态氮肥：主要有硝酸钙、硝酸钠、硝酸铵等。

③ 酰胺态氮肥：最常用的有尿素。

④ 磷素化肥过磷酸钙、钙镁磷肥、磷矿粉、钢渣磷肥、磷铵、骨粉等。

⑤ 钾素化肥硫酸钾、氯化钾、草木灰等。

氮素化肥均属速效性肥料，施入土壤中易被茶树吸收而发挥肥效，所以一般作为追肥施用；而磷素在土壤中移动性极小，易被固定，后效期较长，故磷肥一般在秋季作基肥施用。茶园常用的微量元素肥料有磷酸锌、硫酸铜、硫酸锰、硫酸镁、硼酸等，可用作基肥或追肥施入土中，生产上多采用叶面喷施。

复混肥料是含有氮、磷、钾三要素中的两种或两种以上元素的化学肥料，按其制造方法，分为复合肥料和混合肥料两种。复合肥料又称为合成肥料，以化学方法合成，如磷酸二铵、硝酸磷肥、硝酸钾和磷酸二氢钾等。复合肥料的养分含量较高，分布均匀，杂质少，但其成分和含量一般是固定不变的。混合肥料又称为混配肥料，肥料的混合以物理方法为主，有时也伴有化学反应，养分分布较均匀。混合肥料的优点是灵活性大，可以根据需要更换肥料配方，增产效果好。根据茶树对养分的吸收特点和茶园土壤养分供应特性，各地陆续对适宜当地茶园土壤的茶树专用肥进行了研究。据四川省茶业科学研究所试验表明，使用含有氮、磷、钾、硫、镁、锌等营养元素，且氮、磷、钾比例为3∶1.5∶1.5的茶树专用肥，能促进茶芽早发、多发，其处理的茶多酚、氨基酸、咖啡因、水浸出物等含量分别达到29.53%、3.38%、4.04%和42.50%，均显著高于不施肥的处理。国产复合肥经多年施用表明，施用氮、磷、钾比例为2∶2∶1的铵态复合肥对促进幼龄茶树根系生长有良好效果，在施用14个月后，根的总重量要比施用硫铵增加4～5倍。采叶茶园使用铵态复合肥比单施硫铵第一年增产4%，第二年增产15%，第三年增产达18%，并且对鲜叶中的儿茶素、多酚类和水浸出物的含量也有增加。

三 生物肥料

生物肥料是一种含有若干种高效，能固定大气中的氮，使土壤中磷素、钾素由不可利用态变为可利用态和促进植物吸收其他营养元素的微生物组成的活性肥料，也称为微生物肥料。目前茶园中的生物肥料归纳起来大致有三种类型。第一类是茶园生物活性有机肥，它既含有茶树必需的营养元素，又含有可改良土壤物理性质的多种有机物，也含有可增强土壤生物活性的有益微生物体。如中国农业科学院茶叶研究所所研制的"百禾福"，以畜、禽粪为主要原料，经过无害化处理后添加菜籽饼肥、腐殖质酸、土壤有益微生物活体以及氮、磷、钾、镁、硫等无机营养元素。生物活性有机肥是一种既提供茶树营养元素、又能改良土壤，既可作追肥、又可作基肥的综合型多功能肥料。第二类是微生物菌肥，即有益菌类与有机质基质混合而成的生物复合肥。常用的微生物包括固氮菌、磷酸盐溶解微生物和硅酸盐细菌。固氮菌剂中最有效的菌系为MAC68和MAC27，制剂中的微生物可合成生长素、维生素和抗菌物质。固氮菌在印度等国的推广使用结果表明，施用后每公顷可固氮 30 ~ 40kg，并促进茶树根系发育，促进茶树根系对大量元素和微量元素的吸收，同时改善茶叶滋味。商品名为 Phosphatic 的磷酸盐溶解微生物制剂，其主要功能是促进土壤中水不溶性磷向可溶性磷转化，其中包含有各种作用不同的细菌、真菌和放线菌种。施用生物磷肥，能促进茶树根系发育，提高吸收营养物质的能力，可使每公顷增加 30 ~ 50kg 磷肥，茶叶产量比对照区增加 20% ~ 25%。若将生物氮肥和生物磷肥混用，增效作用加强。第三类是微生物液体制剂。目前茶园使用的生物肥料主要是广谱肥料，专用肥料很少。生物肥料的施用可改善土壤肥力，抑制病原菌活性，对环境不造成污染，并且使用成本低于化肥。生物肥料既可用作基肥，又可用作追肥。

第二节　茶园施肥的原则

茶园施肥，是指人们有意识地施入某些营养物质，补充因茶叶采摘带走的养分，保持土壤肥力，创造营养元素的合理循环和平衡，以保证茶树良好的生长发育，达到不断提高茶叶产量、品质和效益的目的。因此，必须遵循经济、合理、科学的施肥原则，因时、因地、因茶树的不同种和生育期，采用适当的施肥方法，适时、适量地施用，才能使茶园施肥发挥最大的效应。

一　重施有机肥，有机肥与无机肥相结合

茶树主要生长在水热条件好的亚热带和湿润热带区域的酸性土壤中，有机质积累虽然较快，但分解速度非常迅速，故一般有机质含量较低，理化性质差，保水、保肥能力低。因此，在茶树栽培过程中就需要不断地增施有机肥，以改良茶园土壤。有机肥是土壤中有机质的重要来源，它具有取材容易、积制简便、营养全面、有机质丰富、肥效缓慢而持久等特点。有机肥施入后，经过土壤微生物的分解，逐步转化成土壤腐殖质，促进土壤机构的改良，提高土壤胶体的吸附能力，有利于提高土壤的保水、保肥性能。同时，有机肥在分解过程中可产生许多有机胶体，可防止水溶性磷与茶园大量

存在的活性铁接触。有机肥分解能释放出大量二氧化碳和形成各种有机酸，土壤表面二氧化碳含量提高，能加强光合作用的进行；有机酸能使土壤中原来难溶性的无机矿物盐类加速转化，变为茶树易于吸收的养分。有机肥含有茶树生长发育所需的各种营养元素，故施用有机肥还可解决某些元素的拮抗作用和微量元素缺少的问题。由于有机肥料中所含营养物较全面，茶园施用有机肥对提高茶叶品质具有良好的作用。但是全部施用有机肥，而不施无机肥也不行，因有机肥中营养元素的百分含量较无机肥低，且供肥速度大多比较迟缓，不能满足茶树生长发育过程中需肥量大、吸收快的要求。此外，有机肥的积制、施用等都不及无机肥方便。因此，只有在重施有机肥的基础上，配合施用速效性的无机肥，才能达到既满足茶树生长过程中的需肥要求，又不断改良土壤的目的。

二　氮肥为主，氮肥与钾肥和其他元素相结合

茶树栽培以采叶为主要经济目的，对氮素的需要量大，氮肥对茶叶增产效果也最好，施用氮肥的经济效益往往也十分显著。因此，投产茶园都要及时施用氮肥。但长期施用大量氮肥，容易导致土壤理化性质恶化，土壤中各种营养元素之间的平衡失调，氮对其他元素的拮抗作用将会明显表现出来，有碍茶树对其他营养元素的吸收利用，并降低了氮肥的增产效果，甚至出现不同的缺素症，而使茶叶的产量和品质受到影响。因此，在以氮肥为主的基础上，茶园施肥应配合施用适量的磷、钾肥和其他营养元素的肥料，以满足茶树对氮等各种营养元素的需要，又有利于保持土壤中各种营养元素的平衡关系。同时，磷、钾肥及其他营养元素只有在施氮肥的基础上才能发挥更好的增产效果，若施磷、钾肥量过多，则可能导致茶树生殖生长旺盛而影响茶叶产量和品质。

三　重施基肥，基肥与追肥相结合

茶树是多年生作物，在年生长周期中总是不停地吸收所需的养分，据同位素示踪显示，即使在低温越冬期间，地上部进入休眠状态时，地下部仍有吸收能力，并把所吸收的营养物质储存于根系等器官中，以供第二年春茶萌发生长之需。农谚"基肥足，春茶绿"

则反映了这个规律。实际上，基肥不仅对春茶有影响，而且对茶树全年的生长发育都有影响。因此，无论是幼龄茶园、成龄茶园或衰老茶园，都应重视基肥的施用。同时，在茶树年生育过程中，其生长和需肥都具有明显的阶段性，只施基肥而不进行追肥就难以满足茶树生育对养分的需要。所以，必须针对茶树生长的不同时期对养分需要的实际情况，在施足基肥的基础上，及时地进行分期追肥。

四　掌握肥料性质，做到合理用肥

不同种类肥料的性质和肥效均有不同。有的肥效快，有的肥效慢，有的易挥发，有的易引起肥害，有的不能混合施用。在茶园施肥时，应根据各种肥料的性质，掌握施用肥料的数量、方法、时间等，以提高施肥效果。

五　根部施肥为主，根部施肥与叶面施肥相结合

茶树的叶片也具有吸收养分的能力，有些微量元素须在根部施肥的基础上配合叶面施用才可获得良好效果。因此在茶园施肥中除了进行根部施肥外，还可以进行叶面施肥。尤其是出现土壤干旱、湿害和病根等情况下，叶面施肥更显必要。但是由于茶树叶片的主要生理作用是进行光合作用和呼吸作用，对养分的吸收能力和数量都远不及根系。因此，茶园施肥要以根部施肥为主，适时辅以叶面施肥，两种施肥方式相互配合以发挥各自的效应。

六　因地制宜，灵活掌握

茶园施肥还要根据茶树品种特点、生长情况、茶园类型、生态条件以及所采用的其他农艺措施（灌溉、耕作和采摘等）的实际情况灵活操作。如茶树品种不同，早芽种与迟芽种的发芽时间相差15~30天，施肥时间就应不同。有的茶区春天干旱，气温低，春茶生长受到一定的限制，而夏、秋季气温高，雨水多，茶树长势猛，吸肥量多，施肥效果好，故可适当提高夏、秋茶追肥比例。幼龄茶园应适当提高磷、钾肥用量比例，以促进茶树的根茎生长，培养庞大的根系和粗壮的骨干枝。生产绿茶的茶园，可适当提高氮肥的比例，而生产红茶的则应提高磷肥的比例。茶园深耕配合深施有机肥

才能发挥耕作的作用，灌溉与施肥相结合普遍可提高肥效。总之，茶园施肥受到各种因素的影响，并非是一项孤立的农业技术措施，施肥必须遵循因地制宜、灵活掌握的基本原则。

根据上述基本原则，提倡茶园科学施肥。每年在施无机肥的同时，要配合施用一定数量的有机肥，有机肥与无机肥相互平衡，使营养元素的供给缓急互补，互相促进。要把全年总施肥量的1/3作为秋冬基肥施用，保证茶树在不同物候期都能吸收足够且比例适宜的营养元素。推行植株营养诊断，测土配方施肥，因缺补缺，使氮、磷、钾及其他营养元素相互平衡。进行土壤与叶面施肥相结合，充分发挥它们各自的优点和长处，提高施肥效果。茶园平衡施肥有利于保持土壤肥力，创造营养物质合理循环条件，为根系生长营造良好的生态环境，使茶叶生产达到高产、优质和高效。

【注意】 茶园施肥，必须遵循经济、合理、科学的施肥原则，因时、因地施肥。

第三节　茶园施肥的时期与方法

掌握合理的施肥时期和施肥方法可使施入的养分充分发挥出最好的作用，否则，肥效低，作用小，达不到预期的目的。

一　茶园施肥量

各种营养元素经施肥进入土壤后，会发生一系列变化。正确合理地确定茶园施肥量，不仅关系到肥料的增产效果，而且也关系着土壤肥力的提高和茶区生态环境保护。施肥量补不足，茶树生长得不到足够的营养物，茶园的生产潜力得不到发挥，影响茶叶产量、品质和效益。施肥量过多，尤其是化学肥料过多，茶树不能完全吸收，容易引起茶树肥害，恶化土壤理化性质，使茶树生育受到影响，并且造成挥发或淋失，降低肥料的经济效益。过多的肥料随地下渗水流动而污染茶区水源，危及人们健康。因此，应通过计量施肥，即用数量化的方法科学指导施肥，以提供平衡的养分，避免肥料浪费，确保矿质元素的良性循环，并获得最佳的经济效益。

依据茶树在总发育周期和年发育周期的需肥特性不同，各种肥料的性质和效应的差别，茶园施肥可分为底肥、基肥、追肥和叶面施肥等几种。

二 底肥

底肥是指开辟新茶园或改种换植时施入的肥料，主要作用是增加茶园土壤有机质，改良土壤理化性质，促进土壤熟化，提高土壤肥力，为以后茶树生长、优质高产创造良好的土壤条件。根据杭州茶叶试验场的测定，施用茶园底肥，能显著改善茶园土壤的理化性质，茶树生长也得到明显改善，到了第四年，茶叶产量比不施底肥的能增加3.6倍。茶园底肥应选用改土性能良好的有机肥，如纤维素含量高的绿肥、草肥、秸秆、堆肥、厩肥、饼肥等，同时配施磷矿粉、钙镁磷肥或过磷酸钙等化肥，其效果明显优于单纯施用速效化肥的茶园。

施用时，如果底肥充足，可以在茶园全面施用；如果底肥数量不足，可集中在种植沟里施入，开沟时表土、深土分开，沟深 40~50cm，沟底再松土 15~20cm，按层施肥，先填表土，每层土肥混合均匀后再施上一层。

三 基肥

基肥是在茶树地上部年生长停止时施用，以提供足够的、能缓慢分解的营养物质，为茶树秋、冬季根系活动和第二年春茶生产提供物质基础，并改良土壤。每年入秋后，茶树地上部慢慢停止生长，而地下的根系则进入生长高峰期，基肥施入，茶树大量吸收各种养分，使茶树根系积累了充足的养分，增强了茶树的越冬抗寒能力，为第二年春茶生长提供物质基础。据杭州地区用同位素 [15]N 示踪试验，在 10 月下旬茶树地上部基本停止生长后，到第二年 2 月春茶萌发前的这一越冬期间，茶树从基肥吸收的氮素约有 78% 储藏在根系，只有 22% 的量输到地上部满足枝叶代谢所需。2 月下旬后，茶树根系所储藏的养分才开始转化并输送到地上部，以满足春茶萌发生长。到 5 月下旬，即春茶结束，根系从基肥中吸收的氮素约有 80% 被输送到地上部，其中输送到春梢中的数量最多，约占 50%，而且在春茶期间茶树幼嫩组织中的基肥氮占全氮中的比例最大。由此可见，基肥对第二年春茶生产有很大的影响。

基肥施用时期，原则上是在茶树地上部停止生长时即可进行，宜早不宜迟。因随气温不断下降，土温也越来越低，茶树根系的生长和吸收能力也逐渐减弱，适当早施可使根系吸收和积累到更多的养分，促进树势恢复健壮，增加抗寒能力，同时可使茶树越冬芽在潜伏发育初期便得到充分的养分。长江中下游广大茶区，茶树地上部一般在10月中、下旬才停止生长，9月下旬~11月上旬地下部生长处于活跃状态，到11月下旬转为缓慢。因此，基肥应在10月上、中旬施下。南部茶区因茶季长，基肥施用时间可适当推迟。基肥施用太迟，一则伤根难以愈合，易使茶树遭受冻害；二则缩短了根对养分的吸收时间，错过吸收高峰期，使越冬期内根系的养分储量减少，降低了基肥的作用。

基肥施用量要依树龄、茶园的生产力及肥料种类而定。数量足、质量好是提高基肥肥料的保证。基肥应既要含有较高的有机质以改良土壤理化特性，提高土壤保肥能力，又要含有一定的速效营养成分供茶树吸收利用。因此，基肥以有机肥为主，适当配施磷、钾肥或低氮的三元复合肥，最好混合施用厩肥、饼肥和复合肥，这样基肥才具有速效性，有利于茶树在越冬前吸收足够的养分；同时逐渐分解养分，以适应茶树在越冬期间的缓慢吸收。幼龄茶园一般每公顷施15~30吨堆肥、厩肥，或1.5~2.25吨饼肥，加上225~375kg过磷酸钙，112.5~150kg硫酸钾。生产茶园按计量施肥法，基肥中氮肥的用量占全年用量的30%~40%，而磷和微量元素肥料可全部作基肥施用，钾、镁肥等在用量不大时可作基肥一次施用，配合厩肥、饼肥、复合肥和茶树专用肥等施入茶园。

茶园施基肥须根据茶树根系在土壤中分布的特点和肥料的性质来确定肥料施入的部位，以诱使茶树根系向更深、更广的方向伸展，增大吸收面，提高肥效。1~2年生的茶苗在距根颈10~15cm处开宽约15cm、深15~20cm平行于茶行的施肥沟施入。3~4年生的茶树在距根颈35~40cm处开宽约15cm、深20~25cm的沟施入基肥。成龄茶园则沿树冠垂直向下开沟深施，沟深20~30cm。已封行的茶园，则在两行茶树之间开沟。如果隔行开沟的，应每年更换施肥位置，

第六章 茶园施肥

83

坡地或窄幅梯级茶园，基肥要施在茶行或茶丛的上坡位置和梯级内侧方位，以减少肥料的流失。

四 追肥

追肥是茶树地上部生长期间施用的速效性肥料。茶园追肥的作用主要是不断补充茶树营养，促进当季新梢生长，提高茶叶产量和品质。在我国大部分茶区，茶树有较明显的休眠期和生长旺盛期。研究表明，茶树生长旺盛期间吸收的养分占全年总吸收量的65% ~ 70%。在此期间，茶树除了利用储存的养分外，还要从土壤中吸收大量营养元素，因此需要通过追肥来补充土壤养分。为适应各茶季对养分较集中的要求，茶园追肥需按不同时期和比例，分批及时施入。追肥应以速效化肥为主，常用的有尿素、碳酸氢铵、硫酸铵等，在此基础上配施磷、钾及微量元素肥料，或直接采用复混肥料。

第一次追肥是在春茶前。秋季施入的基肥虽是春季新梢形成和萌发生长的物质基础，但只靠越冬的基础物质，难以维持春茶迅猛生长的需要。因此进行追肥以满足茶树此时吸收养分速度快、需求量多的生育规律。同位素示踪试验表明，长江中、下游茶区，3月下旬施入的春肥，春茶回收率只有12.3%，低于夏茶的回收率（24.3%）。因此，必须早施才能达到春芽早发、旺发、生长快的目的。按茶树生育的物候期，春梢处于鳞片至鱼叶初展时施追肥较宜。长江中、下游茶区最好在3月上旬施完。气温高、发芽早的品种，要提早施；气温低、发芽迟的品种则可适当推迟施。第二次追肥是于春茶结束后或春梢生长基本停止时进行，以补充春茶的大量消耗和确保夏、秋茶的正常生育，持续高产优质。长江中、下游茶区，一般在5月下旬前追施。第三次追肥是在夏季采摘后或夏梢基本停止生长后进行。每年7、8月间，长江中、下游广大茶区都有"伏旱"现象出现，此时气温高、土壤干旱、茶树生长缓慢，故不宜施追肥。"伏旱"来临早的茶区应于"伏旱"后施；"伏旱"来临迟的茶区，则可在"伏旱"前施。秋茶追肥的具体时间应依当地气候和土壤墒情而定。对于气温高、雨水充沛、生长期长、萌芽轮次多的茶区和高产茶园，需进行第四次甚至更多次的追肥。每轮新梢生长间隙期间都是追肥的适宜时间。

每次追肥的用量比例按茶园类型和茶区具体情况而定。单条幼龄茶园，一般在春茶前和春茶后，或夏茶后2次按5:5或6:4的用量比追施。密植幼龄茶园和生产茶园，一般按春茶前、春茶后和夏茶后3次4:3:3或5:2.5:2.5的用量比施入。高产茶园和南部茶区，年追肥5次的，则按2.5:1.5:2.5:2:1.5的用量比于春茶前、春茶初采和旺采时、春茶后、夏茶后和秋茶后分别追肥。印度和斯里兰卡等国一般进行两次追施，在3月施完全部磷、钾肥和一半氮肥，6月再施余下的一半氮肥。日本磷、钾肥在春、秋季各半施用，氮肥则分4次，春肥占30%；夏肥分2次，各占20%；秋肥占30%。东非马拉维试验表明，在土壤结构良好的情况下，把全年氮肥分6次或12次施，虽然年产量不比只分2~3次施的增加，但可使旺季的茶叶减少8%~22%，具有平衡各级进厂鲜叶量的好处。

追肥施用位置：幼龄茶园应离树冠外沿10cm处开沟；成龄茶园可沿树冠垂直开沟；丛栽茶园采取环施或弧施形式。沟的深度视肥料种类而异，移动性小或挥发性强的肥料，如碳酸氢铵、氨水和复合肥等应深施，沟深10cm左右；易流失而不易挥发的肥料如硝酸铵、硫酸铵和尿素等可浅施，沟深3~5cm，施后及时盖土。

五　叶面施肥

茶树叶片除了依靠根部吸收矿质元素外，还能享受吸附在叶片表面的矿质营养。茶树叶片吸收养分的途径有两种：一是通过叶片的气孔进入叶片内部；二是通过叶片表面角质层化合物分子间隙向内渗透进入叶片细胞。据同位素试验表明，叶面追肥，尤其是微量元素的施用，可大大活化茶树体内酶体系，从而加强根系的吸收能力；一些营养与化学调控为一体的综合性营养液，则具有清除茶树体内多余的自由基、促进新陈代谢、强化吸收机能、活化各种酶促反应及加速物质转化等作用。叶面施肥不受土壤对养分淋溶、固定、转化的影响，用量少，养分利用率高，施肥效益好，对于施用易被土壤固定的微量元素肥料非常有利。据斯里兰卡报道，用20%尿素喷茶叶叶背，只需4h即可把所喷的尿素吸收完毕。因而通过叶面追肥可使缺素现象尽快得以缓解。同时还能避免在茶树生长季节因施肥而损伤根系。在逆境条件下，喷施叶面肥还能增强茶树的抗性。

例如：干旱期间对叶面喷施碱性肥，可适当改善茶园小气候，有利于提高茶树抗旱能力；而在秋季对叶面喷施磷、钾肥，可提高茶树抗寒越冬能力。

叶面追肥施用浓度尤为重要，浓度太低无效果，浓度太高易灼烧叶片。叶面追肥还可同治虫、喷灌等结合，便于管理机械化，经济又节省劳力。混合施用几种叶面肥，应注意只有化学性质相同的（酸性或碱性）才能配合。叶面肥配合农药施用时，也只能酸性肥配酸性农药，否则就会影响肥效或药效。叶面追肥的肥液量，一般采摘茶园每公顷为 750~1500kg，覆盖度大的可增加，覆盖度小的应减少液量，以喷湿茶丛叶片为度。茶叶正面蜡质层较厚，而背面蜡质层薄，气孔多，一般背面吸收能力较正面高 5 倍，故以喷洒在叶背为主。喷施微量元素及植物生长调节剂，通常每季仅喷 1~2 次，在芽初展时喷施较好；而大量元素等可每 7~10 天喷 1 次。由于早上有露水，中午有烈日，喷洒时易使浓度改变，因此宜在傍晚喷施，阴天则不限。下雨天和刮大风时不能进行喷施。目前茶树作为叶面追施的肥料有大量元素、微量元素、稀土元素、有机液肥、生物菌肥、生长调节剂以及专门性和广谱型叶面营养物，品种繁多，作用各异。具体可根据茶树营养诊断和土壤测定，以按缺补缺、按需补需的原则分别选择。

第四节　茶园绿肥

一　茶园绿肥的作用

茶园绿肥可以增加土壤有机质，从而提高土壤肥力；可以保坎护梯，防止水土流失；可以遮阴、降温和改善茶园小气候，从而提高茶叶的产量和质量；绿肥饲料还可以饲喂家畜，促进农牧结合。

二　茶园绿肥种类的选择

我国茶区辽阔，茶园类型复杂，土壤种类繁多，气候条件不一。因此，茶园绿肥必须根据本地区茶园、土壤、气候和绿肥品质的生物学特性等，因地制宜地进行选择。

1. 根据茶园类型选择绿肥种类

热带及亚热带红黄壤丘陵山区的茶园，由于土质贫瘠理化性差，在开辟新茶园前，一般宜种植绿肥作为先锋作物进行改土培肥。茶园的先锋绿肥作物一般选用耐酸耐瘠的高秆夏绿肥，如大叶猪屎豆、太阳麻、田菁、决明、羽扇豆等。

在1~2年生茶园中，由于茶苗幼小覆盖度低，土壤冲刷和水土流失严重。这类茶园宜选用矮生匍匐型绿肥，如黄花耳草、苕子、箭舌豌豆、伏花生等。作为幼龄茶园的遮阴绿肥，通常选用夏季绿肥如木豆、山毛豆、太阳麻、田菁等。为了防止幼龄茶园的冻害，一般选用抗寒力强的1年生金花菜、肥田萝卜、苕子等。在3~4年生茶园中，为了避免绿肥与茶树争夺水分和养分，应选择矮生早熟绿肥品种如乌豇豆、早熟绿豆和饭豆等。对于刈割改造的老茶园，由于台刈后茶树发枝快、生长迅速，对肥水要求比幼龄茶树强烈，因此要选择生长期短的速生绿肥，如乌豇豆等。

山地、丘陵的坡地茶园或梯级茶园，为保梯护坎可选择多年生绿肥如紫穗槐、铺地木蓝、知风草等。

2. 根据茶园土壤特性选择绿肥种类

茶园土壤为酸性土，故茶园绿肥首先要是耐酸性的植物。山东茶区认为伏花生在北方沙性土茶园中是最好的夏季绿肥。在我国的中部茶区如浙江、江西、湖南等省第四纪红土上发育的低丘红壤茶园，酸度大、土质黏重、土壤肥力低，夏季绿肥的选用：大叶猪屎豆和满圆花（肥田萝卜）可以先种，以后逐步向其他绿肥过渡。

3. 根据茶区气候特点选择绿肥种类

我国茶区分布广泛，各区气象条件千差万别，故茶园绿肥必须根据各地的气候特点进行选用。北方茶区由于冬季气温低、土壤较旱，因此要选用耐寒耐旱的绿肥品种。一般选择毛叶苕子、豌豆。坎边绿肥铺地木蓝、木豆、山毛豆等通常只能在广东、福建、台湾茶区种植。而紫穗槐和草木樨等绿肥由于具有一定的抗寒抗旱能力，故可作为北方茶区的护堤保坎绿肥。长江中下游茶区，因为气候温和、雨水充沛，适宜作茶园绿肥的品种有很多。冬季始终如一肥中主要有紫云英、金花菜、苕子、肥田萝卜、豌豆、绿豆、饭豆、红小豆、黑毛豆、黄豆等；多年生绿肥主要有各种胡枝子、葛藤、紫穗槐等。而西南的高原茶区，由于冬春干冷少雨，冬季绿肥最好用毛叶苕子和满圆花，夏季绿肥以大叶猪屎豆和太阳麻最好。

4. 根据绿肥本身的特性来选择茶园绿肥的种类

如铺地木蓝与紫穗槐可作为各茶区的梯壁绿肥，但不能与茶树间作。再如矮秆速生绿肥由于生长快、生长期短而根系较浅，与茶树争水争肥能力差，适合于 3~4 年生的茶园或台刈改造茶园间作。而匍匐型的绿肥则宜间作于新垦坡地茶园的行间，既可肥土又可防止水土流失。山毛豆、木豆由于高分枝多，且叶少而稀，适合作南方茶园的遮阴绿肥。

三 茶园绿肥栽培

1. 紫云英

紫云英又称红花草、江西苕、小苕，为 1 年生或 2 年生豆科作物。它是主要的冬季绿肥作物，也可作家畜饲料，在长江以南各省广泛种植，近年来有北移趋势。紫云英主根直立粗大，圆锥形，侧根发达，根瘤较多。植株高 60~100cm。紫云英喜温暖，种子发芽的适宜温度为 15~25℃。其生长规律是冬长根、春长苗，冬前生长慢。紫云英喜湿润，适宜在田间持水量 75% 左右的土壤中生长。适宜的土壤 pH 在 5.5~7.5 之间。栽培方式为茶园套种或与肥田萝卜、麦类、油菜、蚕豆等混种，或在旱地单种。其栽培要点如下：

1）种子处理：选用当年收获的种子；播种前要晒种、擦种（将种子与细沙按 2:1 的比例拌匀，放在石臼中捣种 10~15min，至种子"起毛"而不破裂为度）。用 30%~40% 腐熟人粪尿浸种后再晾干。然后接种根瘤菌（对新种植区尤其重要），紫云英喜湿怕涝忌旱，因此要开好排水沟。

2）因地制宜，适时早播：各地播种期不同，以 9 月上、中旬~10 月下旬播种为宜。每亩播种量 1.5~2.5kg。

3）以小肥养大肥，以磷增氮：酸性茶园土壤中有效磷含量甚低，施用磷肥后可使绿肥产量明显增加（亩施过磷酸钙 15kg）。

2. 肥田萝卜

肥田萝卜又名满圆花、萝卜青等。十字花科萝卜属。非豆科绿肥。可与紫云英、油菜等混播。肥田萝卜喜温暖湿润，适应性较强。它对难溶性磷的吸收利用能力强，能利用磷灰石中的磷。

播种及管理：播种前精细整地，开沟排水。肥田萝卜的适播期为9月下旬~11月中旬。播种量为每亩0.5~1kg。用磷肥或灰肥拌种。

3. 油菜

油菜为肥、油兼用的绿肥作物。宜与紫云英、箭舌豌豆等豆科绿肥作物间、套、混种。油菜喜温暖气候。最佳生长温度为15~20℃。秋播全生育期200天左右，春播60~70天即可进入盛花期。

播种与管理：播期因地而异，南方为10月下旬~11月中旬，北方为2月底~3月初。撒播量为每亩0.20~0.26kg，作短期绿肥时用种量可增每亩0.5kg。

四 茶园绿肥的利用

1）用作家禽饲料：尤其是豆科绿肥作物，养分含量较高，不仅是优质的肥料，而且是优质的饲料。可青饲、青贮或调制成干草，用来饲喂家畜，再利用家畜粪便肥田，这样可以大大提高绿肥的利用率，同时，也可解决家禽与人争地的矛盾。茶园绿肥中除大叶猪屎豆有毒、决明豆有异味等少数品种不能作为饲料外，大部分可以。如红三叶草、白三叶草、紫云英、肥田萝卜都是牛、羊的优质饲料。但需要注意的是，豆科绿肥青饲料不可一次大量喂给牛、羊，应与其他非豆科青饲料或秸秆配合饲喂，否则会使牛、羊患瘤胃鼓气病。

2）作为改土的先锋作物：茶树是多年生常绿作物，播种定植前对土壤肥力的要求很高。对于新垦茶园来说深耕熟化是最基本的措施。深耕后容易使土壤层次打乱，表土、生土增加，如果立即种茶则不易生长。故需要种植1~2年绿肥作为先锋作物以促进土壤熟化。对于改植换种的老茶园，由于多少年来一直种植茶树，茶根分泌物和茶树枯枝落叶中含有很高的茶多酚类化合物，它们对微生物有一定的抑制作用，使土壤生境和微生物区系不利于茶树生长，所以老茶园改植换种时，也要先栽培1~2年绿肥以改良土壤。

3）直接压青作茶园基肥：茶园绿肥的水分含量较高，茎叶幼嫩，可直接翻埋压青肥田。冬季绿肥压青可于第二年盛花期前后，结合茶园春耕将其翻埋于深层土壤；对于速生早熟的夏绿肥，如乌豇豆、速生型绿肥，因其生长期长可经两三次刈割后，于茶园秋耕时翻入土中。由于压青绿肥幼嫩容易腐解，分解过程中释放出热和大量的有机酸等物质，容易"烧坏"茶根，尤其在土壤水分较少时，因此翻压绿肥时，应离开茶树根颈40~50cm处开沟或深埋。

4）制成堆肥或沤肥：用作茶园追肥或基肥。

5）作茶园的覆盖物：将茶园绿肥刈青后覆盖在茶园地面上，可以提高土壤的含水率，减少水土流失，具有防寒防冻等作用，同时覆盖材料分解后也能为土壤提供养分。

五　充分利用土地，广辟茶园绿肥基地

茶园间作绿肥，只能在1~3年生幼龄茶园或台刈改造的茶园进行。对于大部分成龄茶园，由于受密度限制而无法间作绿肥。因此在新辟茶园时，行距可以适当放宽，也可以利用一些空闲地、荒山、水面（水中可养殖细绿萍、水葫芦等），建立茶园绿肥基地。

第七章
茶 园 灌 溉

茶树由于长期适应于温暖湿润的环境条件,同时又是常年供人们以采收幼嫩芽为主的叶用作物,因此在生长季节对水分的要求较高,耗水量较大。茶树耗水量随着气候条件、土壤水分状况、茶树品种、生育时期、树龄大小、采摘方法及培育管理水平等不同而不同。

据测定,一般高产茶园在生长季节每生产500g干茶,约需消耗1.5吨水分,亩产150kg干茶的茶园,每年在生长期间需要合理供给每亩茶园土壤水分450吨左右(即675mm左右水量)。水分是茶树生物体生长发育不可缺少的要素:首先,水是光合作用制造有机物的原料。在茶树体内水分充足的情况下,物质代谢趋向于合成,有利于体内干物质的积累。而在缺水时,光合作用受到抑制,呼吸作用加强,物质代谢趋向分解,以致体内干物质的积累减少。其次,茶树体内代谢过程需要以水分为介质,各种生物化学作用必须在溶质状态下才能顺利进行。茶树对所需养料的吸收和运转,都要以水为溶液媒。因此,只有在适宜的土壤水分状况下,肥料才能分解,一切矿质营养元素才能被茶树根系吸收利用。水分状况不仅可以左右茶树体内新陈代谢的强度,而且也常影响茶叶内化学物质的组成与含量的变化。在生长季节,茶树体内的水分含量一般约占全株重量的60%左右。在旺盛生长期间,幼嫩芽叶的含水率可达80%左右。其中除部分为细胞原生质束缚外,大部分呈自由态充满于细胞壁及细胞间隙之中,使茶树植株挺直,枝叶开张。在土壤水分正常状态下,茶树通过叶片的蒸腾作用,水分沿着土壤根→茎→叶→大气的传导方向散失，同时使茶树吸收的无机物质运送到叶内，并可维持茶树的体温，增强抵御外界不良环境的能力。

土壤水分是茶树生育过程中所需水分的主要来源。茶园土壤水分状况的变化将直接影响茶树生育与茶叶的产量、品质。在生长季节，当茶树根系集中的土层含水率达到田间持水量的 90% 左右时，茶树生育旺盛；当含水率下降到 80% 左右时，土壤已经缺水，这时茶树芽叶生长缓慢，叶型变小，节间缩短，大量出现对夹叶，甚至停止生长。如果继续干旱，又遇高温时，茶树植株轻则芽叶初萎，丛面部分成叶枯焦，重则地上部新梢芽叶发生永久萎蔫而逐渐干枯，直到整丛茶树死亡。

这是由于在土壤缺水、气温升高的条件下，根系吸收的水分供应不上树冠蒸腾的需水量，使茶树叶温达到 40℃ 以上，细胞原生质发生质变，遭受破坏所致。当茶树处于供水较充足和处于供水不足条件下进行比较时，水分对提高茶树的光合作用效率和对芽叶生长发育的影响非常明显。在综合运用农业栽培技术措施的前提下，概括茶树不同生育阶段与时期对水分的要求，结合茶园土壤湿度状况，特别是在高温干旱季节，进行铺草保水，合理灌溉，掌握与改善茶树生育过程中的土壤湿度条件，就可使茶树新梢生育旺盛，芽叶萌发生长加快，数量增加，芽叶较重，从而提高了茶叶质量。湖南茶叶研究所在干旱季节内，对茶园里设铺草、铺草加灌水和灌水与施肥等不同处理进行比较，经三年的研究，其结果见表 7-1。

表 7-1　不同管理方式下的茶园增产幅度　　　（%）

CK	铺草	铺草 + 灌水	灌水 + 施肥
0	1 ~ 9	8.7 ~ 23.6	21.8 ~ 35.3

可见在干旱季节，水是增产茶叶的主导因素，在供水的基础上再配合施肥等其他农业技术措施，则增产效果更加显著。当茶园土壤水分较充足时，不但可显著提高茶叶产量，而且对提高茶叶品质也有积极作用。这是因为在旱热季节由于茶园及时灌溉，提高了土壤湿度，它一方面促进了氮代谢，使茶树新梢生育旺盛，鲜叶正常芽叶占比增加，鲜叶中的生化物质如氨基氮、茶多酚有了增加；另

一方面，相对地抑制了碳代谢，从而使得粗纤维、儿茶素的含量有了减少，这对提高绿茶品质较为有利。但土壤水分过多，湿度太大，也会破坏土壤表层的团粒结构，使土壤物理性状变劣，从而削弱茶树根系呼吸和吸肥、吸水的能力，使整个植株生长受到抑制，甚至遭受湿害。

第一节 茶园灌溉技术

茶树生长需要的水分，主要靠自然降水供给。我国茶区虽然多处在湿润与半湿润地区，但由于地域辽阔，自然地理因子复杂，雨水分布既有地区的差别，也有季节性的不同，即使在同一个月中，分布也捉摸不定，时多时少。例如华南茶区，年降水量大多在1500mm以上，多的可达2500mm以上，以4～9月雨量较集中，要占全年雨量的75%左右，但由于当地气温较高，常使年蒸发量接近或超过年降水量；另外，还经常出现强度大、次数多的暴雨，因此雨水地表径流与土壤蒸发较多，而保存在土壤中供茶树吸收利用的水分相应减少时，尤其在冬春雨水很少时，茶园常有旱情。西南茶区也常有冬、春连旱现象。但在长江中下游广大地区，春季雨水连绵，到7～9月，夏秋季又常出现间断性高温干旱，直接影响茶树生长和优质高产的形成。这种雨水的时间与空间分布不匀，既分散又难以预料。因此，旱季茶园及时采取补充性灌溉措施，有利于稳定茶叶产量和品质。实践证明，凡在干旱季节对茶园进行合理灌溉的，都能取得不同程度的增产提质效果。

一 茶园灌溉指标

茶园灌溉的效果好坏，虽然与灌水次数与灌溉水量有关，但更重要的还要看是否适时，也就是说要掌握好灌水的火候。我国茶农历来对灌溉有"三看"的经验：一看天气是否有旱情出现，或已有旱象，是否有发展趋势；二看泥土干燥缺水的程度；三看茶树芽叶生长与叶片形态是否缺水。现在人们已在"三看"经验的基础上制定了茶园灌溉的技术指标，进行综合分析，从而科学地确定茶园灌溉的适宜时期。

1. 茶园灌溉的生理指标

茶树水分生理指标能在不同的土壤、气候等生态环境下直接反映出体内水分的实际水平。如细胞液浓度、新梢叶水势［单位：MPa（兆帕）］等对外界水分供应很敏感，与土壤含水量和空气温湿度之间具有较高的相关性。如果上午 9：00 前测定，细胞液浓度低于 8%~9%，叶水势高于 –0.5MPa，表明茶树树体内水分供应较正常；若细胞液浓度达到 10% 左右，叶水势低于 –1.0MPa，表明树体水分亏缺，新梢生育将会受阻，这时茶园需要灌溉，及时给土壤补充水分。

2. 茶园灌溉的土壤湿度指标

土壤含水量多少是决定茶园是否需要灌水的主要依据之一。由于茶园土壤质地的差异，其土壤的持水特性和有效水分含量变化较大，因此为使不同质地土壤的湿度值具有可比性，一般土壤的湿度指标值应采用两种方法表示：一是采用土壤绝对含水量占田间持水量的相对百分率表示，见表 7-2。

表 7-2　土壤含水量对茶树生长的影响

土壤含水量占田间持水量的百分率（%）	90	60~70	<60
茶树生长状态	茶树生长旺盛	新梢生长受阻	新梢即受到不同程度的危害

因此以茶园根系层土壤相对含水量达到 70% 时，作为开灌指标；二是采用土壤湿度的能量值，即土壤水势来表示，它可以直接反映土壤的供水能力大小，要比以土壤含水量表示更加适当。当土壤水势（与土壤吸力绝对值相等，符号相反）在 –0.08~ –0.01MPa 时，茶树生长较适宜。茶园土壤水势可用土壤张力计直接测知，当土壤水势达到 –0.1MPa 以上时，表示土壤已开始缺水，茶树生长易遭旱热危害，应进行茶园灌水。

3. 茶园灌溉的气象要素指标

主要气象要素有气温、降水量、蒸发量等，其变化和茶园水分的消长密切相关。在生产实践中，应密切注视天气的变化与当地常年的气候特点，尤其是在高温季节，参照茶树物候学观察进行综合分析，监测旱象的发生。近年研究认为，当日平均气温接近30℃，最高气温达35℃以上，日平均水面蒸发量达9mm左右，持续一星期以上，这时对土层浅的红壤丘陵茶园，就有旱情露头，需要安排灌溉。

二 茶园灌水量

　　干旱季节茶园究竟需要灌溉多少水量，主要应由该茶园的类型即茶树生育阶段的需水特性与土壤质地来决定。适宜的灌水定额，既要求灌溉水及时向土壤入渗，又要能达到计划层湿润深度，满足茶树的需水要求。因此在确定茶园灌水定额时，要先确定灌溉前的土壤计划层的储水量，使灌溉前后的储水量总和达到计划层土壤田间持水量的范围。因水分过多会影响透气性，还会产生地表径流和深层土壤渗漏。一般确定茶园适宜的灌水量与灌水周期的方法有三种，分别介绍如下：

　　一是由茶园各阶段的日平均耗水量来确定。可采用土壤水分平衡法进行测算。特别是在高温旱季，应以5天左右为期测算自然降水量与茶园耗水量之差额。在气温较低的春旱或秋冬旱期间，以10~15天为期测算土壤水分的亏缺量。在壤土茶园中，当耕层（0~30cm）土壤缺水近30mm（相当土壤水势 -0.08MPa左右）时，就应开灌补水。

　　二是采用土壤张力计（又称负压计、土壤湿度计）法定位监测土壤水势的变化，来指示茶园灌溉。使用时，可将张力计埋设在茶园灌溉计划层土壤中，当张力计读数达到600mmHg（1mmHg = 133.322Pa，600mmHg相当于土壤水势 -0.08MPa）以上时，开始灌溉补水，灌至张力计读数指针回到100mmHg（相当于土壤水势 -0.01MPa）以下时，即停止灌水。用张力计来指示茶园灌溉，既直观又易行。

　　三是参照茶园的各个参数，采用计算法求得茶园灌水量和灌水周期。由于灌溉方法不同，水分损耗差异较大，例如地面流灌要比喷灌的用水量大，而地下渗灌又比喷灌的用水量省得多。因此，要使茶园土壤计划层内能得到适宜的水分指标，其灌水量还应结合灌溉方法而定。

第二节　茶园节水保水技术

茶树对水的需求量较大，只有充足的水分才能保证茶的产量和品质。水参与了茶树的生理生化，进而参与了茶树产量和品质的形成。水由根系吸收进入茶树体内，其中有1%的水分参与茶树的水分代谢，其他大部分水蒸发散失掉。据研究，茶园水分散失的主要途径有地面径流、地面蒸发、茶树及其他植物的蒸腾等。除了茶树本身的蒸腾在一定程度上为茶树生长发育过程的正常代谢所必需外，其他散失均属无效损耗，茶园高效节水、保水应尽量避免或减少这些水分散失。而采用灌溉技术和栽培技术减少水分的蒸发散失量，提高茶树的水分利用率，是茶园节水必不可少的重要措施。

一　茶园节水灌溉制度

节水灌溉制度是以最合理水分利用达到较高的经济效益为目标的灌溉制度，其技术内容主要包括：①灌水量与产量的关系，根据茶叶产量不同进行定量灌溉；②生长发育阶段与需水的关系，根据茶树不同树龄、不同季节进行合理灌溉；③茶树的水分临界期与需水的关系，可利用茶树水分敏感指数来计算茶树不同时期的水分状况，在水分临界期实施灌溉。

二　茶园节水技术

1. 园地建设

园地选择在生态条件良好，土层深厚、土质疏松、排水保水性能良好、水源充足、交通方便的（黄红壤）平地、丘陵、低山，以10°以下的缓坡或斜坡地为好，尽量避免在超过20°的山地建园。丘陵、山地茶园梯面修筑的宽度依山地坡度大小而定，坡度大的梯面窄些，坡度小的梯面可宽些，梯田的修筑应处于同一水平面上。梯面可修成"内斜式"，但梯面内斜坡度不能超过5°。内壁修筑蓄水"竹节沟"，能有效地减少地面径流、富集雨水灌溉和防止水土流失。另外，节水、保水型茶园建设还应加强茶园的生态建设，以果茶间作或套种浅根系豆科绿肥（如圆叶决明）等，固土护坡，涵养水分，调节茶园温湿度，提高土壤含水量和保水抗旱能力。

2. 抗旱品种选育

不同品种之间对干旱的忍耐力和响应程度是不同的，可以根据它们对干旱的忍耐力和响应程度进行抗旱品种或耐旱品种选育，从而达到节水目的，从根本上解决茶园干旱问题。

3. 茶园保水的田间管理技术

茶园土壤中经蒸发散失掉大量水分，这部分水可以通过田间管理技术来调控利用。可利用秸秆、绿肥、地膜来覆盖或采用少耕技术、免耕技术、深耕技术等来调控不同土层水分。抗旱管理措施的好坏，直接影响着茶园的水资源条件。优化种植方式，合理密植，实行茶园群落化、科学施肥，利用水肥耦合效应达到节水、省肥、高产高效的目的。

(1) 茶园覆草与遮阴　茶园土壤铺草覆盖的优点很多，首先，它可以减缓地表径流速度，促进雨水向土层深处渗透，既可防止地表水土流失，又可增加土层蓄水量，起到保水抗旱的作用；其次，茶园铺草还可以稳定土壤的热变化，夏天可防止土壤水分蒸发，具有抗旱保墒作用；再次，茶园铺草可以抑制杂草生长，稳定土壤温度，增加土壤有机质含量，提高土壤保、蓄水能力，铺草茶园比未铺草茶园土壤含水率提高3%～5%。茶园覆草的取材容易，山间杂草、稻草、秸秆等都可利用，也不受季节影响，全年均可进行。

茶园遮阴可显著改善夏暑季茶园的水热条件，能够避免连续高温干旱天气对茶树造成的热害和旱害，降低茶园土壤温度，提高土壤含水率（图7-1）。

图7-1　茶园覆草与遮阴

（2）合理密植 茶树种植密度大小影响着茶园生态系统性能的好坏。合理密植可以在充分利用土地资源情况下，发挥茶树群体效应，改善茶园的小气候、水循环和水代谢，以利于茶园土壤保水保肥，达到节水的目的。

（3）科学施肥 增施肥料，科学合理施肥，要根据土壤物理化学性质，在重施有机肥的前提下，将有机肥与无机肥相配合，以提高土壤有机质含量，改善土壤物理结构，培肥地力，实现以肥调水、以水促根、水肥配合技术的运用，达到节水省肥的目的。根据有关研究，施有机肥的土壤蓄水能力较未施的提高 8.6% ~ 12.9%。

（4）耕锄保水 及时中耕除草，不仅可以免除杂草对水分的消耗，而且可以有效地减少土壤水分的直接蒸发，这主要是由于中耕阻止了毛细管水上行运输，但中耕要合理，不宜在旱情严重、土壤水分少的情况下进行，否则往往会因锄挖时带动根系而影响吸水，加重植株缺水现象，这在幼龄茶园尤其要注意。最好掌握在雨后土壤湿润、表土宜耕的情况下进行。

第三节　高效节水型灌溉与雨水的富集利用

衡量茶园灌溉方法的优劣，主要有三个标准：一是看灌溉水的均匀程度，以及能否做到经济用水；二是看能否做到有利于茶园小生态的改善；三是看能否达到提高茶叶产量、品质与经济效益的目的。

高效节水灌溉主要是依茶树的水分需求特点，一般在茶园土壤持水量低达75%时，及时给水灌溉，节约水资源，有效地确保旱季茶叶的稳产高产及品质稳定。近年来，在茶区正在推广的喷灌、渗灌、滴灌等灌溉方法，在生产实践中已取得了显著的省水增产的经济效果。

一　茶园地面流灌

地面流灌是用抽水泵或其他方式，把水通过沟渠引入茶园的灌溉方式，包括沟灌和漫灌。这是我国茶区传统的灌溉方法，沿用至今，在引水工程方面虽然有发展，但灌水方法仍较古老。沟灌是在茶园行间开沟，在沟内借土壤毛细管作用，边流动边渗透到茶园土壤根层中，供茶树吸收利用（图7-2）。

沟灌这种灌水方法，在靠近山塘、水库边的茶园中应用，具有灵活方便的特点。与漫灌相比，容易控制灌水量，水土流失较少。由于茶园分布于丘陵山区，自然地形复杂，为此在进行较大面积的地面沟灌时，要因地制宜地规划与兴建流灌工程。这方面我国茶区具有较

图7-2　茶园地面流灌

丰富的经验，并有不少单位早已建立了规模不等的茶园流灌工程。湖南米江茶场的流灌工程规模较大，提水用的大小机埠就有9处，总吸水量达$2500m^3/h$，送水渠道总长达26000m，将江河水引入，可灌面积占全场茶园总面积的70%。也有不少生产单位，因陋就简地修筑临时灌水渠，在山脚边或园地边兴建水利渠道，持之以恒开水沟引水灌溉；在多雨季节里，还可将灌水沟当排水沟，排除茶园积水。茶园地面流灌工程的内容及其设置技术原则如下。

1）水源和提水机埠：利用水库、河川、山塘、井泉等为水源，并与渠、沟相连组成自流灌溉网。提水机埠位置应在提水方便，地势较高，有利于缩短主、支渠道为原则。当水位过低或地形复杂时，可采用2～3级的提水机埠，并要有可靠的动力设备。输水渠道，分为主渠和支渠，是用于承接提水机埠的出水，并将其引进茶园，其断面大小、建筑参数和结构，应由灌溉需水的流量、地形特点来决定。输水主渠的位置，在水泵扬程范围内，应尽量提高，使茶园基本上置于自流灌溉的范围内。由于地形地势的变化，主渠和支渠的形式可分为明渠、暗渠（埋在地中）和拱渠（抬高在地面上）三种。若需用渠道连接两个山头，还需建造渡槽或倒虹吸管。在建造中，明渠的深度应大于宽度，渠底还应有一定的倾斜度（坡降为0.3%～0.5%），以减少水流损失，使水流速度适中。

2）园内灌水沟：分为主沟和支沟。在山坡茶园中的主沟，起连接支渠与园内支沟的作用，开设与建筑时要尽量与斜形缓坡园道相结合，以减缓水速，防止水土冲刷。为便于茶园机械操作，部分主沟应开设成暗沟。支沟是直接引水进入茶树行间的灌水沟，在山坡茶园中和主沟斜交相接，应与茶行平行。凡有水源的茶区，干旱季节都可采用地面自流沟灌。但这种灌溉方法，存在着用水量大、灌水分布不匀等缺点。因此，除合理规划与兴建有关自流工程外，还必须在沟灌中掌握以下几点灌水技术。首先，灌水流量的大小，应按水流情况与土壤条件，灵活掌握。一般在坡降和栽培条件相同的情况下，沟长的流量应大，沟短的流量小；地面坡降较大，流量要小，坡降平缓的需加大流量；沙性土壤渗水快，流量应适当加大，重壤土和黏土渗水慢，流量要小些。总之应控制在既可浸湿茶树根际土层，又不致产生地表冲刷与地下渗漏为度，使茶行首尾土壤受水均匀，减少水量损耗。其次，灌水前在茶行一侧开沟（或隔几行开沟），灌水沟与追肥沟的要求基本一致，沟深10cm、宽20cm左右。引水灌溉后，将沟覆土填平或铺草覆盖，以减少水分蒸发。另外，梯级茶园沟灌时流量要小，将水由上而下逐级拦阻进入梯层内侧的水沟内。灌溉茶树，切忌让水漫流梯面，避免水土流失，破坏梯壁。平地茶园的自流沟灌，可直接将水引入灌溉沟进行流灌，较简单易行。20世纪60年代以来，沟灌已有一些新的改进，例如，在地势较平坦的茶园中，可采用直径30cm的塑料（或薄壁金属）粗管，代替输水渠或主沟。管上按茶行行距开设出水孔，孔上设开关，调节水流量。灌水时将管道铺设在园内，灌完后再收回，此法操作方便，简单易行，已在部分茶园应用。在水源丰富的地区，直接将水引入茶园，让水在地面逐渐漫布全园，此为漫灌。漫灌的水量较大，容易造成水土流失，或使土壤积水、结构变劣。所以长期漫灌，对茶树生长不利，在茶园中应尽量避免采用。

二 喷灌

自20世纪70年代开始，我国开始兴起茶园喷灌。生产实践证明，喷灌是一种较先进的茶园灌溉方法。茶园喷灌系统主要由水源、输水渠系、水泵、动力系统、压力输水管道及喷头等部分组成。并按组合方式分为移动式、固定式和半固定式三种类型。移动式喷灌系统由动力设备、有压输水管道和喷头组成，设置在有水源的茶园。机组可用手抬，也可用手推车式，具有使用灵活、投资少、操作简便、利用率高等特点。但转运搬动多，较费时。固定式喷灌系统，除喷头外，均固定不动，其干、支管道常埋设在茶园土层内，由水源、动力机和水泵构成泵站，或利用有足够高度的自然水头，与干、支管道组成一套全部固定的喷灌系统。喷头装在与支管连接的竖管上，可做圆形或扇形旋转喷水。如果面积较大，需要配备几组喷头，循环分组轮灌。它操作简便，节省劳力，生产效率高，便于配套自动控制灌溉。适于灌期长的茶园和苗圃应用，但所需设备管材较多，投资较高。半固定式喷灌系统，干管埋设于地下，采用固定的泵站供水或直接利用自然水头。支管、竖管与喷头可以移动，用支管的接头与干管的预留阀门连接，进行田间喷灌作业。喷头是喷灌系统的重要组成部分，喷头的技术性能通常以工作压力、喷水量、射程、平均喷灌程度、喷灌均匀度、水滴直径（雾化程度）和自转速度等指标来表示。喷头的种类有很多，具体见表 7-3。

表 7-3　不同喷头种类的技术参数

喷头种类	工作压力/（kg/cm^2）	喷水量/（m^3/h）	射程/m
低压喷头	1 ~ 3	< 10	< 10
中压喷头	3 ~ 5	10 ~ 40	20 ~ 40
高压喷头	> 5	> 40	> 40

按照喷头的结构形式与水流性能，又可分为旋转式（也称射流式）、固定式和孔管式三种。在茶园喷灌中，多采用低压和中压喷头，其中以旋转式的摇臂喷头应用较多，较适用于茶园喷灌。因为这些喷头都属于中、近射程，消耗能量少，喷灌性能与茶园所要求的喷灌技术较适合，喷灌质量较好。茶园喷灌与地面灌水方法相比，可使灌水量分布均匀，可省水 50% 以上，水的利用率达 80% 左右。喷灌可改善茶园小气候，促进茶树生育，经济效益较高。同时，喷灌机械化程度高，适应地形能力强，因此可成倍地提高工效。此外，喷灌系统还可提高土地利用率达 10% 左右，如果配合喷施根外追肥

等还能发挥其综合利用效益。但喷灌也存在一些缺点，例如受风的影响较大，一般 3 级以上风力，部分水滴易被风吹移；当空气高温低湿时，水滴在空中蒸发损失可达 10% 左右；喷灌需要机械设备较多，尤其是固定式喷灌系统，一次性投资较大。茶园喷灌虽优点较多，但要发挥它的优势，必须精心规划，因地制宜地做好技术设计，在选用与确定各类型的喷灌系统时，既要考虑当地的水力资源和动力设备条件，又要考虑经济效果。在具体运用中除了要做到适时、适量外，还要掌握如下的技术要求：

第一，喷水的雾化程度要适中，水滴直径以 2mm 为宜，可不致对茶叶与土壤产生过强的冲击。第二，喷灌面上的水量分布要力求均匀，这就要求喷头的组合喷洒均匀系统应在 80% 以上。第三，各种喷灌系统在使用中应制定必要的规章制度，遵守操作规程，定期维修保养。此外，旱季茶园喷灌要与增施肥料、及时采摘等肥培管理措施密切配合。充足的水分可以充分发挥肥料效应，促进茶树生长旺盛；而及时采摘，既可多收，又可保证茶叶质量。

三 滴灌

滴灌是水在一定水压作用下通过一系列管道系统，从滴管带小孔眼喷出，从茶树根颈部慢慢地渗入土壤，以补充土壤水分不足。滴灌可减少土壤板结，减少地表径流和地表蒸发量且有利于茶树根系的吸收。茶园滴灌有利于节省用水量，与喷灌相比，可节约 2/3 的用水量，比沟灌省水 2 倍左右。同时，茶叶增产效果明显，有利于品质改善的内含物成分增加。另外，滴灌消耗能量少，适用于复杂地形，又能提高土地利用率。滴灌的主要缺点是滴头和毛管容易堵塞；材料设备多，投资大，田间管理工作较烦琐。灌溉方式的选择必须因地制宜，以增效适用为原则，一般来说平地或缓坡茶园可选择滴灌，装置可请专业人员设计安装。

滴灌系统主要由枢纽、管道和滴头三部分组成。枢纽包括动力系统、水泵、水池（或水塔）、过滤器、肥料罐等。管道包括干管、支管、毛管及一些必要的连接与调节设备。

四 渗灌

渗灌又称地下灌溉，是将灌溉水输入地下管道，通过渗管或渗头，向地下送水，湿润土壤，供茶树根系吸收利用。因渗管可与施液肥相结合，故又称管道施肥灌溉系统。茶园应用管道渗灌施肥，能及时适量地将水肥均匀地直接送达根系，供其吸收利用，与等量肥料沟施相比，可增产茶叶15%，具有明显的节约用水、提高肥效以及保持土壤结构的优点。主要缺点是一次性投资较大，平时如果有故障，修理不便。建茶园渗灌系统时，平地或缓坡茶园，可隔行建管，留一行便于深翻改土。管道应埋设在茶行中间，深度以40cm左右为宜。建管的沟道坡降要小，约为1/1000。若茶行首尾高差超过60cm时，需做管道降级处理。管道降级埋设时，管尾须适当提高，在后方可下降，以保灌水时前段能灌满。管道内径以7~10cm为宜，不能过小。管上的透水孔直径一般为4~6mm，呈梅花形分布。为防止管道及透水孔的堵塞，需采取多层过滤，如设置肥水储备池、沉沙井及其过滤网，并提高管道透水孔的位置。

茶园渗灌，要与沉沙井、排气筒、肥水储备池、输水渠等相配套。使用茶园渗灌时，只需插好截流闸板，打开泄水柜开关，就能使水顺着输水渠流进渗水管道，按管道顺序进行茶行灌水。广东汶塘茶场的经验表明，一般茶园开沟施化肥每亩约需一个工人，而采用管道渗施，只需两人操作，一天可完成60亩，并便于田间管理与机械操作，省工省时又省地。特别是在干旱季节，茶园渗灌施肥，既能抗旱，又能提高水肥利用率，可见渗灌是茶园取得高产优质的重要技术措施，发展潜力较大。

五 软管微浇技术

软管微浇技术又称为无间节软管微浇技术，是一种新型软塑料管，半周面上均匀分布不同方向喷射向空中的浇灌设备，能制造人工雾层，提高茶园湿度，减小太阳的直射光，增加漫射光，采用此种技术能显著提高茶叶品质，并达到省水省工的目的。该设备可与小型移动式水泵配套，也可与具备一亩一高压自流灌溉水源条件的茶园配套实现浇灌，具有投资少（3000元/公顷）、可移动、免维护、不影响中耕施肥作业、节省人工等特点。

六 雨水的富集与利用

雨水富集与高效利用的技术关键点在于对雨水汇集、净化与存储、雨水高效利用三个环节及其配套技术。即通过雨水汇集工程、存储工程、节水灌溉工程设计，在水源不足的山坡地茶园上方开截洪沟、泄洪沟、园内开截水"竹节沟"，在山坡坡段径流汇合处建"滤"沙土水池（一级水池）和蓄水池（二级水池），径流雨水经一级水池净化后存储到二级水池，水池的功能及蓄水能力设计应符合"节水"概念。如简易的二级水池可用安装有出水开关的汽油桶制备，以减少水分蒸发。一级水池与二级水池之间也可用有开关的水管连接。

—第八章—
茶 树 修 剪

　　修剪是茶树栽培综合管理中的一项重要技术措施。它是依据茶树生长发育的内在规律，结合不同生态条件、栽培方式、管理条件和茶类等，控制和刺激茶树营养生长的一种重要手段。对茶叶高产、稳产、优质，保持树势健壮，延长茶树的经济年龄关系很大，同时也为茶园管理、采摘机械化提供条件。

　　自然生长的茶树常常是主干明显，侧枝细弱，每年只能长出二三轮新梢。且树形高低不一，呈纺锤形。芽叶立体分布，无法形成分枝广阔而密集的采摘面，不能适应机采和手采的要求。而且这种茶树，由于根系与枝干间的距离增大，容易产生枝干自疏而呈衰老状态，进而影响产量和品质。因此在生产上常根据茶树各生育阶段，采用各种不同的修剪技术，并与其他栽培措施相配合，发挥修剪在增强营养生长上的效应。

第一节　茶树修剪原理及效应

■　茶树修剪原理

　　茶树经修剪，改变了原来的生育态势，一些顶芽被剪除，侧芽与不定芽生育加强；树冠枝梢的营养状况发生变化，更利于营养生长；地下根系与地上枝叶的平衡重新建立；生理年龄较幼的茶树茎干上，构建新的更具生机的茶树树冠。

　　1. 修剪以改变茶树生长顶端优势

　　植物在生长过程中，顶端枝梢或顶芽的生长总是比侧枝或侧芽旺盛迅速，呈现出明显的生长优势，即顶端优势。其生理原因的解释有很多学说，主要是生长素说，主要观点是：当用人为的方法剪去顶芽或顶端枝梢时，剪口以下的侧芽就会迅速萌发生长，修剪反应最敏感的部位是剪口以下，也常常是第一个芽最强而依次递减的，一般定型修剪能刺激剪口以下 2~3 个侧芽或侧枝生长。而台刈可刺激根颈部的潜伏芽萌发。

2. 使地上部与地下部相对平衡

茶树树冠与其根部构成相互对立而又统一的整体，它们之间既表现出相互矛盾，又表现出相互对立而平衡的关系。茶树一经修剪，就可以打破其地上部与地下部的相对平衡；茶树具有再生能力强的特性，修剪能使休眠芽或潜伏芽萌发出新的芽梢，这样通过修剪或采摘打破平衡，又与地下部生长达到新的平衡，使茶树一生中都保持地上部与地下部之间始终处于动态平衡中。

3. 诱导新芽发育

同一枝条上，从基部到顶端的各叶腋间着生的芽，由于形成时期、叶片大小及营养状况的不同，质量上存在一定的差异，叫作芽的异质性。当树冠枝条的育芽能力减退时，根颈部的潜状芽就能迅速萌发，因此，在实践中要用台刈或重修剪的方法更新茶树。

4. 抑制生殖生长

营养生长与生殖生长也是茶树系统发育中的一对对立统一体。当采取修剪措施时，就能抑制生殖生长，促进营养生长。

二　茶树修剪效应

修剪措施的应用对茶树的生命活动会带来不同程度的改变，它的效应是多方面的，诸如对茶树地上部和地下部的生育、茶树的生殖生长、体内生化成分的变化等，都带来明显的影响。

第二节　茶树修剪方法

依照茶树的植物学原理，可根据不同类型茶树决定各自的修剪方法。

一 定型修剪

幼龄茶树定型修剪就是抑制茶树的顶端生长优势，促进侧芽萌发和侧枝生长的修剪措施，达到培养骨干枝、增加分枝级数，形成"壮、宽、密"的树型结构，扩大采摘面，增强树势的目的，为高产、稳产、优质打下良好的基础。

（1）定型修剪的时间 每年的春、夏、秋季均可进行，以春季茶芽萌发之前的早春2~3月为最佳时间。

（2）定型修剪的次数 一般幼龄茶树需进行3~4次定型修剪，即定植后3~4年内每年进行1次定型修剪，海拔低、肥水条件好、长势旺的茶园一年可定剪2次。具体修剪技术指标见表8-1和图8-1。

表8-1　幼龄茶苗定型修剪技术指标

修 剪 次 数	茶苗高度/cm	修剪位置/cm
第一次	25~30	15~20
第二次	40~50	30~40
第三次	50~60	45~50

注：每次修剪要求剪口平滑，呈45°角，每次定剪后应立即增施肥料并及时防治病虫害。

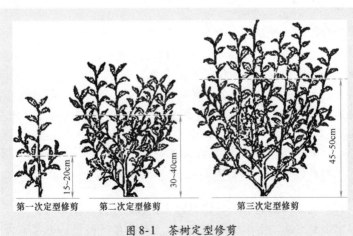

第一次定型修剪　　第二次定型修剪　　　第三次定型修剪

图8-1　茶树定型修剪

二 轻修剪和深修剪

开采的青、壮年茶园，经多次采摘，树冠面参差不齐，形成许多鸡爪枝，可根据具体情况，采用轻修剪或深修剪。

（1）轻修剪 一般每年的 2~3 月进行 1 次轻修剪，一般剪去冠面 3~5cm 的绿叶层及参差不齐的枝叶，可促进芽梢的萌发、减少对夹叶、提高芽叶质量。

（2）深修剪 当茶树冠面出现许多鸡爪枝、纤细枝、节节枝时，就要进行深修剪，具体时间确定在每季茶采摘结束后立即进行。具体方法是剪除鸡爪枝、节节枝、细弱枝，一般修剪深度为 8~12cm，剪后冠面呈弧形（图 8-2）。

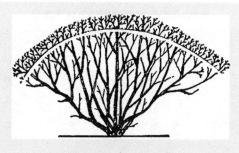

图 8-2　茶树深修剪

三 重修剪和台刈

（1）重修剪 对于树势衰老、枯枝病虫枝较多、育芽能力弱、对夹叶不断出现、产量逐年下降的半衰老茶树及树势矮小、萌芽力差、产量无法提高的未老先衰茶树，均可采用重修剪，依衰老程度剪去原树高的 1/3~1/2，越衰老的剪去越多。

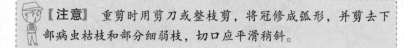

【注意】 重剪时用剪刀或整枝剪，将冠修成弧形，并剪去下部病虫枯枝和部分细弱枝，切口应平滑稍斜。

（2）台刈 对树势衰弱，树冠多枯枝、虫枝、细弱枝，芽叶稀小且多是对夹叶，主干枝附生地衣、苔藓，单产极低的老茶园可采取台刈改造。一般在离地面或茶树根颈5～10cm处用利刀或专门的刈剪斜剪，大的主干可用锯。剪（锯）时应防止切口破裂（图8-3）。

【注意】 茶树采用台刈更新，于大寒前后进行，实行重修剪、台刈的都应在深翻施足基肥后进行。

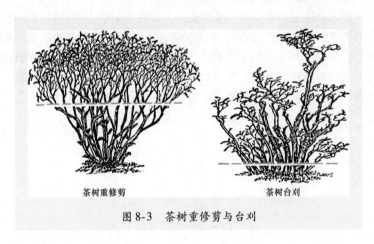

茶树重修剪　　　　　　　茶树台刈

图8-3　茶树重修剪与台刈

第三节　茶树修剪与农技措施的配合

一　修剪应与肥水管理密切配合

　　修剪虽然是保证茶叶丰产的一项重要措施，但不是唯一的措施，它必须在提高肥、水管理及土壤管理基础上，才能充分发挥修剪的增产作用。众所周知，修剪对茶树生长也是一次创伤，每经一次修剪，被剪枝条会耗损很多养分，剪后又要大量抽发新梢，这在很大程度上有赖于根部储存的营养物质。为了使根系不断供应地上部再生生长，并保证根系自身生长，就需要足够的肥、水供应，这对加强土壤管理就显得格外重要，剪前要深施较多的有机肥料和磷肥，剪后待新梢萌发时，及时追施催芽肥，只有这样，才能促使新梢健壮，尽快转入旺盛生长状态，充分发挥修剪的应有效果。

二 修剪应与采留相结合

幼龄茶树树冠养成过程中骨干枝和骨架层的培养主要靠三次定型修剪。广阔的采摘面和茂密的生产枝则来自合理的采摘和轻修剪技术。定型修剪茶树，在采摘技术上要应用"分批留叶"采摘法。要多留少采，做到以养为主、采摘为辅，实行打头轻采。

三 修剪应注意病虫害防治

树冠修剪或更新后，一般都要经一段时期留养，这时枝叶繁茂、芽梢柔嫩，是病虫害滋生的良好时期，特别是对于为害嫩梢新叶的茶蚜、小绿叶蝉等，必须及时检查防治。对于衰老茶树更新复壮时刈割下来的枝叶，必须及时清出园外处理，并对树桩及茶丛周围的地面进行一次彻底喷药防除，以消灭病虫的繁殖基地。

第九章
茶叶采摘

　　种茶为了采茶，但采茶的含义要比一般大田作物的收获复杂得多，深刻得多。茶树的长寿、常绿，一年多次萌发的生物学特性，就决定了其采收过程的复杂性和深刻性。茶叶的采早采迟、采大采小、采老采嫩、采多采少，不仅影响茶叶的产量和品质，而且影响茶树的生长发育，影响茶叶的高产、稳产。总之，有两个基本矛盾贯穿采茶的全过程，即采茶与养树之间的矛盾，芽叶的数量与质量之间的矛盾。人们在长期的生产实践中，已经认识到这两个矛盾只有通过合理的采摘才能得到解决。

一　茶树生育特性对茶叶采摘的影响

　　长期的生产实践和科学试验已经证明，茶叶采摘与茶树的生长发育有着密切的关系。茶树是一种多年生的常绿叶用作物，采收的芽叶即茶树的新梢，既是制茶的原料，也是茶树的重要营养器官。新梢上成熟的叶子是茶树进行光合作用和呼吸作用的场所。茶树新梢具有顶端生长优势和在年生长发育周期中多次萌发生长的特性。茶树新梢由顶芽和侧芽萌发生长发育而成。顶芽和侧芽所处的位置和发育迟早的不同，在生长发育上有着相互制约的关系，顶芽最先萌发，生长也最快，占有优势地位。但顶芽的旺盛生长，抑制了侧芽的生长，使侧芽萌动推迟，生长减慢，甚至呈潜伏状态。所以在自然生长情况下，新梢每年只能重复生长2~3次，分枝少，树冠稀。而人为的采摘，可解除其顶端优势，促进侧芽不断萌发，使生长加快，新梢生长轮次增多及萌芽密度增加。但茶叶采摘不能过度，否则茶树上叶子太少，会对光合作用产生影响，不利于有机物的形成和积累，从而影响茶树的生长发育。

二 茶叶合理采摘技术

采茶和养树的矛盾，数量与质量的矛盾，使得茶叶采摘比一般的大田作物的收获要复杂得多。所以，必须要正确处理好这两个矛盾，尽可能使其科学合理。通过采摘技术，抑制茶树生殖生长，促进茶树营养生长，协调好采叶与留养、数量与质量之间的矛盾，达到茶叶优质、高产、稳产、高效的目的。

1. 合理采摘

因采期不同、采法不同，获得的芽叶症状和性质不同，并影响到当时茶树或后期的产量和品质，所以合理采摘尤为重要。合理采摘是20世纪60年代以来总结归纳、研究提高的一个科学概念。过去茶叶生产中由于采摘不当产生的不良影响，主要有幼年茶树采摘过度，茶树未老先衰，青壮年茶树不注意采养结合，覆盖度不大，单产不高；老茶树一直强采至鱼叶，长期处于衰老状态等。

20世纪60年代以后，各地在深入认识茶树生长发育的基本规律和加强水、肥、剪等管理的基础上，进行不同采摘的研究和总结，提出了采茶必须因地因树贯彻合理采摘，合理采摘乃是统一产量和品质、当前利益和长远利益、采和留等茶树生长发育各方面矛盾的科学采茶方法，是根据茶树新梢生长发育特性，以量质并举、长短兼顾为目的的一种良好采摘制度。所谓"合理"，即茶树经过采摘，必须促进茶芽萌发，提高新梢密度和强度，扩大采摘面，维持旺盛生长势，增加采摘次数，延长采摘时期和经济年限，能够维持不断地产生高产、优质的制茶原料，并有利于调节采茶的洪峰，提高工效和发挥加工设备的最大效能，降低成本。总之，合理采摘是指在一定自然条件下，在栽培管理较好的各种茶园中，通过采摘能显示出较长期的、良好的综合作用，取得较高的效益。

合理采摘虽然要与各种不同的采摘方法配合，但必须遵循采养结合、量质兼顾、因树因地因时制宜的基本原则。种茶是为了收获茶树新梢嫩叶，而这些新梢嫩叶又是茶树生长和制造、积累营养物质的器官，因此，在采摘茶叶的同时，必须注意适当留养，保证树上留养一批新生叶片，如果采摘过度，就会影响茶树正常生长。鲜叶是制茶的原料，一定要注意质量，否则就会影响制茶品质，降低经济效益。因此，在采茶过程中，不但要考虑产量高，而且要注意质量好，才能取得最好的经济效益。采摘过老的叶片，不仅降低鲜叶品质，而且也不能保证做好制茶工作。由于制茶种类不同，因此，对鲜叶采摘标准要求也不一样。同时，不同茶树品种、不同树龄、不同地理环境和气候条件，茶树的生长发育状况也不一致。所以，合理采摘必须根据当时当地的具体情况，灵活掌握。

2. 采摘标准

茶叶采摘标准，主要是根据茶类对新梢嫩度与品质的要求和产量因素进行确定的，最终是力求取得最高的经济效益。中国茶类丰富多彩，品质特征各具一格。因此，对茶叶采摘标准的要求，差异很大，归纳起来，大致可分为四种情况：细嫩采、适中采、特种采、成熟采。

（1）细嫩采 采用这种采摘标准采制的茶叶，主要用来制作高级名茶。如高级西湖龙井、洞庭碧螺春、君山银针、黄山毛峰、庐山云雾等，对鲜叶嫩度要求很高，一般是采摘茶芽和一芽一叶，以及一芽二叶初展的新梢。前人称采"麦颗""旗枪""莲心"茶，指的就是这个意思。这种采摘标准，花工夫，产量不多，季节性强，大多在春茶前期采摘。

（2）适中采 采用这种采摘标准采制的茶叶，主要用来制作大宗茶类。如内销和外销的眉茶、珠茶、工夫红茶、红碎茶等，要求鲜叶嫩度适中，一般以采一芽二叶为主，兼采一芽三叶和幼嫩的对夹叶。这种采摘标准，茶叶品质较好，产量也较高，经济效益也不差，是中国目前采用最普遍的采摘标准。

（3）特种采 这种采摘标准采制的茶叶，主要用来制造一些传统的特种茶。如乌龙茶，它要求有独特的滋味和香气。采摘标准是待新梢长到顶芽停止生长，顶叶尚未"开面"时采下三、四叶比较适宜，俗称"开面采"或"三叶半采"。若采摘鲜叶太嫩，制成的乌龙茶，色泽红褐灰暗，香低味涩；采摘鲜叶太老，外形显得粗大，色泽干枯，滋味淡薄。

【提示】 据鲜叶内含成分分析表明，采摘三叶中开面梢最适宜制乌龙茶。这种采摘标准，全年采摘批次不多，产量一般。

（4）成熟采 采用这种采摘标准采制的茶叶，主要用来制作边销茶。它为了适应边疆兄弟民族的特殊需要，茯砖茶原料采摘标准需等到新梢长到顶芽停止生长，下部基本成熟时，采去一芽四、五叶和对夹三、四叶。南路边茶为适应藏族同胞熬煮掺和酥油的特殊饮茶习惯，要求滋味醇和，回味甘润，所以，采摘标准需待新梢成熟，下部老化时才用刀割去新枝基部一两片成叶以上全部枝梢。这种采摘方法，采摘批次少，花费人工并不多。茶树投产后，前期产量较高，但由于对茶树生长有较大影响，容易衰老，经济有效年限不长。

3. 采摘方法

采摘的方法，可分手摘采与机械采两种，手摘为最普通与最古老之方法，其法各地微有不同，现分述如下。

（1）指摘 摘细芽白毫时多用之，为最精细之摘法，使用拇指与食指之先端，拈新生之细芽，指端用时着力。

（2）直摘 又称搔摘，用左手执树枝，右手食指靠近茶芽，再用拇指夹住茶芽，使在两指之间，食指力强，拇指力弱，由食指向上着力，茶叶即折断落入掌中，向下着力者易伤树势，此法甚为普通。

（3）折摘 或称为双手摘，徽州俗称日攀椿摘，用拇指及食指第一节夹住嫩枝，向上或向下一折，嫩枝即在被折处断落，此法可行双手摘。

（4）切摘 用指甲切取，仅茶行徒长芽的采摘。

（5）横摘 与直摘法相反，掌心向下，拇指朝内，靠近茶芽后，用食指压住，着力于拇指，向下采摘之。

（6）取摘 为粗放之采摘法，在采摘末期或修剪前进行，为使右手便于采摘，先将左手插入茶芽之间隙，由右手拇指及食指夹茶芽取之。

（7）扶摘 为最粗劣之采摘法，一手拉住茶枝，一手由枝下用力向上拉之，或由枝上拉下，不管老枝嫩茶，尽入手掌中。

(8) 留芽摘 也称老嫩分摘法，待茶芽伸展至三、四叶时，采其第三、第四两片叶，余下的待芽长后再采。

4. 采摘技术

茶叶采摘技术内容很多，主要需掌握四个方面内容，即留叶数量、留叶方法、采摘周期、鲜叶储运。茶树叶片的主要生理作用是进行光合作用和水分蒸腾，茶叶采摘是目的，但留叶是为了更多的采摘，决不可偏废。若采得过多，留得太少，减少了茶树的叶面积，使光合效率降低，影响了有机物质的积累，继而影响茶叶产量和品质。反之，采得过少，留得过多，不仅消耗水分和养料，而且叶面积过大，树冠郁闭，分枝少，发芽密度稀，同样产量不高，经济效益低下，达不到种茶目的。但茶树留叶数量应以茶树不同的生育年龄而异。

一般来说，幼年期茶树，以培养树冠为目的，应以养为主，以采为辅，采必须服从养。而当茶树进入成年期后，即进入投产后的茶树，应以采为主，适度留养。留叶数量以能增强或维持茶树正常的旺盛生长，获得最高的产量和最优的品质，又能延长茶树的经济年限为最理想。留叶数量，一般以叶面积指数来衡量，它是指茶树叶片总面积与土地面积之比。高产、高效、优质茶园的叶面积指数通常为 3～4。在生产实践中，留叶数量一般以"不露骨"为宜，即以树冠叶片互相密接，看不到枝干为适宜。若实行机械采茶，那么，可根据当年的茶树留叶数量，实行提早封园，采取在秋季集中留养一批不采，以加强茶树生长势的方法，加以实现。

幼年茶树，主干明显，分枝稀疏，树冠尚未定型。所以，采摘的目的是促进分枝和培养树冠。一般可在第二次定型修剪后，春茶实行季末打顶采，夏、秋茶实行各留两叶采。第三次定型修剪后，骨干枝已基本形成，可实行春、夏茶各留两叶采，秋茶留一叶采。以后，再花一年时间，实行春茶留两叶采，夏茶留一叶采，秋茶留鱼叶采。从此以后，茶树广阔的树冠已形成，即可进入成年茶树的投产采摘了。

成年茶树，树冠已基本定型，茶叶产量高，品质优，能相对稳定 25 年左右。在这一时期内，应尽可能地多采质量好的芽叶，延长高产、稳产时期。因此，应以留鱼叶采为主，在适当季节（如夏、秋季）辅以留一叶或两叶采摘法，也有采用在茶季结束前留一批叶片在茶树上的。

衰老茶树，生育开始衰退，育芽能力减弱，骨干枝出现衰亡，并出现自然更新现象。对这类茶树，应灵活掌握。在衰老前期，可采用春、夏茶留鱼叶采，秋茶酌情集中留养。衰老中期以后，则需对衰老茶树进行程度不同的改造，诸如深修剪、重修剪、台刈等。对这种茶树，在改造期间，应参照幼年茶树采摘方法，养好茶蓬，待树冠形成后，再过渡到成年茶树的采摘与留叶方式进行。适时采摘，对增加产量、提高品质、保养树势，直至提高经济效益，都有着十分重要的意义。

"早采三天是个宝，迟采三天是根草"，说的就是这个意思。在人工手采的情况下，一般春茶蓬面有 10%～15% 新梢达到采摘标准时，就可开采。夏、秋茶由于新梢萌发不很整齐，茶季较长，一般有 10% 左右新梢达到采摘标准时就可开采。茶树经开采后，春茶应每隔 3～5 天采摘 1 次，夏、秋茶每隔 5～8 天采摘 1 次。在实行机械采摘时，当春茶有 80% 的新梢符合采摘标准，夏茶有 60% 的新梢符合采摘标准，秋茶有 40% 的新梢符合采摘标准时就要进行机采。为提高机采茶园经济效益，特别是春茶前期，在机采前先进行人工采茶，以便制作名优茶。这样，机采批次为，春茶一次，夏茶 1～2 次，秋茶 2～3 次。为促进机采茶树的旺盛生长势，对机采茶园应比人工手采茶园提前 20 天左右停采封园。不论是手工采摘，还是机械采摘，对采下的鲜叶，必须及时集中，装入通透性好的竹筐或编织袋，并防止挤压，尽快送入茶厂炒制。鲜叶储运时，应做到机采叶和手采叶分开，不同茶树品种的原料分开，晴天叶和雨天叶分开，正常叶和劣变叶分开，成年茶树叶和衰老茶树叶分开，上午采的叶和下午采的叶分开。这样做，既有利于茶叶制作，又有利于提高茶叶品质。

5. 茶叶留养技术

1）对长势旺盛的茶园，从开园起，春、夏、秋三季共采 20 批左右。春夏茶最好每隔四五天采1批，秋茶每隔六七天采1批，采茶时间一直可以延续至10月上旬。既要做到批次分清，又要注意采平养匀。每采1批，必须将符合标准的芽叶和同等嫩度的对夹叶及时采下来，不要漏采；同时要注意留养边枝，不摘肚芽，培养树冠。由于春茶萌发比较集中，在高峰期之前一般要分2批次专采对夹叶，以免其老在树上。

2）对长势不很旺盛、对夹叶较多的成年茶园，春茶的中后期按春梢的15%留1片大叶采，夏秋茶留鱼叶采，同样也要按标准分批勤采，可以采到8月底。在采摘中，要特别注意采摘对夹叶。至于留养，可以掌握叶面积指数为2~3。

3）对树龄偏大、长势差、产量不高的茶园，实行按标准分批留鱼叶采摘，可以采到8月上旬，少采秋茶，以利于养棵。

4）对不修剪、留顶苗、没有形成整齐采摘面的茶园，在实行分批留叶的同时，要留大叶采顶苗，养侧枝，逐步做到采平养匀，增加分枝，培养树冠。

5）对密植速成茶园，不能过早强采，也不要因茶树不高而不敢采。应当是头年种，第二年春茶打顶采，夏、秋茶留鱼叶采。第四年起正常采摘，即春茶留1片大叶，夏、秋茶留鱼叶采。这种茶园更要分批勤采，1年可采30批左右。

6）对幼龄茶树和台刈、重修剪的茶树，首先应当是以养为主，再逐步过渡到以采为主，须注意采养结合。幼龄茶树要进行修剪，采茶也要少采多留，采高养低，采面养底，采中养侧；夏茶少采，秋茶不采，以培养树冠。

三 采茶机的应用

1. 茶树树冠的整形

机械化采茶茶园要求茶树蓬面平整，发芽整齐，茶蓬高度为70~80cm，蓬面宽度为100cm左右，老茶园在不可能进行大面积换种培育新茶园的情况下，要实现机械化采茶，就必须对现有茶园进行改造。根据茶树的生长情况，宜采取不同的改造方法，培养适合机械化采茶要求的冠面。

重修剪茶园的树冠形成比台刈茶园的要迅速。重剪第一年，春茶留养，夏茶后期新枝长到30cm时，用采茶机采茶一次，提高树冠20cm左右，秋茶养蓬。第二年，一般机采三次茶，春、夏、秋各采一次。当新梢长到四五片叶时，留一叶机采一次春茶；夏茶也留一叶，机采一次；秋茶前期不留叶，机采一芽至三叶，秋茶后期留叶蓄养，树冠在上年基础上又提高10cm，这时茶蓬冠幅达80cm。第三年可机采四次，春茶两次，夏、秋茶各一次，秋末留叶养蓬，每次采摘新梢应伸展到一芽四五叶，留一两叶，采一芽两三叶，此时树冠高65～70cm，冠幅为100cm左右，基本达到成园要求。第四年进行正常生产，一般全年可机采四五次茶叶，但9月中下旬可不再机采，以留叶养树。在整个改造、养冠过程中，可全部用弧形双人采茶机采茶，采剪蓬面来回重叠约10cm，逐渐养成弧形，方便机采。

需要特别指出的是，在老茶园改造过程中要特别重视机采茶园的肥培管理和病虫害防治工作，要尽量施用有机肥料，及时追施氮肥，保证茶树营养消耗。坚持以生物防治为基础，保护和利用天然资源，发挥自然调控能力，加强生态调控力度。通过茶园改造，提高茶叶品质，发展绿色饮品，提高茶叶的附加值，使茶叶资源的发展潜力得到充分的挖掘。

2. 机械采茶的特点

机械采茶是一项新的采茶技术，也是一项系统的农业工程，它是农业现代化的具体表现。采茶机械化包括茶园的栽培管理、采茶机械和操作使用技术三个方面，其中，茶园栽培管理是基础，采茶机械是关键，操作使用技术是提高茶园效益的根本保证。

（1）适时采摘保证鲜茶品质　茶叶每年可萌发四五茬新梢，在手工采摘情况下，每茬采摘期长达15～20天，劳力不足的茶场或专业户，往往出现滥采现象，使茶叶产量与品质下降；而机械采茶速度快，采摘期短，采摘批次少，又是一次性刈割，使鲜茶叶具有机械损伤小、新鲜度好、单片少、完整叶多等特点，保证了鲜茶叶品质。

（2）提高效率实现增收节支　机械采茶可以适应红茶、绿茶、黑茶等各类茶叶的采摘。一般情况下，采茶机可采摘0.13公顷/h，是手工采茶速度的4～6倍，在干茶产量3000kg/公顷的茶园，机械采茶比手工采茶可节约用工 915 个/公顷，从而使采茶成本得以下降，茶园经济效益得以提高。

(3) 提高单产减少漏采现象　机械采茶对茶叶产量有无影响是茶叶技术人员十分关注的问题。

我们通过对 133.3 公顷茶园机采 4 年的比较对照，以及从中国科学院茶叶研究所的研究报告可知，一般机采茶的茶叶产量可增加 15% 左右，大面积的机采茶园，其增产幅度会更高，同时机械采茶可以克服漏采现象的发生。

(4) 机械采茶的作业要求　目前我国大部分的采茶机械为日本生产的川崎和落合两种品牌的双人弧形采茶机械。

1）每台双人采茶机需配备 3~4 人。主机手面向机器，后退作业；副机手面向主机手；采茶机与茶行纵向有一个 30°左右的夹角。

2）采摘时的进刀方向与茶芽生长方向垂直，进刀高度根据留养要求掌握，一般在上次采摘面上提高 1~2cm 采摘。

3）每行茶来回采摘一两次，采摘高度一致，左右采摘面整齐，防止树冠顶部重复采摘。

4）机械采茶时的前进速度以 30m/min 左右为宜。

(5) 机械采茶技术　茶叶生产是多环节的系统工程，找准茶叶技术创新的结合点，加快有机茶叶的生产，是提高市场竞争力的突破口。在目前我国多为老茶园的状况下，改造老茶园，推广机械化采茶技术，无疑是我国茶业打入国际市场，与国际接轨的重要手段。

机械采摘，最普通的是铗摘法，日本尤为流行，铗的种类约有 12 种，以内田式最佳，其形如修剪绿篱的大剪，刀片旁有一袋，片上有一阻碍物，使剪下的茶能落袋中。须轻便而锐利，铗刀不可太长，太长则增加铗重，使用不便，开口不可太阔，否则茶易细碎。使用时右手持铗柄，左手扳动有刀锋之刀柄，铗端稍稍向上，轻轻剪割，株面所截之芽叶，稍倾向剪端附带的袋面，使剪下茶叶振落袋中，一经剪断，则继续前进，剪后有若干高低不平，须加以整理。铗摘使用时，须具备下列条件：茶树整齐，高度适中；树形经整理为半圆形。使用采摘铗前，茶园须经过剪枝，使嫩叶整齐，株面匀整，方能应用，并非普通茶园，均能使用此铗。

【提示】 使用采摘铗时，应注意下列各点：浅剪以前或头帮茶，都要先用手摘，去其所留的不规则枝梢，然后匀整其发芽面；株面不整及高度不适的，极易疲劳；铗摘比手摘的时期须提早；铗摘茶园须多施基肥，每期采后，须充分施以追肥，并实行完全耕耘，否则茶树枝条易变得短小而细弱；每隔3~5年须行深刈一次，使更新而同复树势。

铗摘的优点如下：

1）速度快：为手摘的4.56倍（每天每人约摘113kg）。

2）产量增加：但须多施肥，则发芽较多。

3）节省摘用费：手摘费为铗摘的4.05倍。

4）增加茶农利润。

5）减少茶季忙时，采工供应困难。

铗茶的缺点如下：

1）品质不匀净。

2）不能采摘嫩芽。

3）茶芽易硬化。

4）茶芽尚未充分发育，即行采摘，故茶汁不浓。

5）茶芽易受损害。

6）老叶、粗枝、鱼叶等易混入。

7）消耗养料多。

8）树势易衰退。

第十章
低产茶园改造

第一节　低产茶园的概念与成因

低产茶园包括栽培年份较长，树势衰老，或因管理不善，采摘不合理，以致未老先衰，这类茶园产量都低，但还有一定的生产潜力，如果改造得法，还可以增加短期的收益。所以，对于低产茶园的改造是茶叶生产中的一项重要技术。茶园产量的高低，目前还没有统一的划分界线，只是相对，依不同的生产水平而有其不同的高低界线。低产也是一个相对概念，在不同的历史时期，生产力发展水平不一样，低产标准也有异。在20世纪50年代，因我国茶园多为丛式稀植，很少施肥，只有低于25kg/亩的茶园才算低产；而进入20世纪60年代，条栽式茶园的建立、化肥施用和病虫害防治使茶园单产大大提高，便把单产在50~60kg/亩的视为低产茶园。同时，茶园低产因地域不同，地域的生态条件差异、种植的品种各异、管理水平不一而会影响茶叶产量，气候适宜和生产水平高的地区的低产标准就会高些；同一纬度位置，高山的茶园比低山、平地的产量标准要定得低一些。再则，茶叶产量与茶类及其产品的等级、档次密切相关，高档茶的产量较低档茶的产量低。

第二节　低产茶园改造技术

一　低产茶园面貌

低产是个相对的概念，指对一定的时间、地点而言的。形成低产的原因有品种劣、树龄过老、建园基础差（如陡坡无梯层、水土流失大、土层薄、肥力低等）；或因管理不善（如少耕、不施肥、不修剪、不防治病虫害等）；或因采留不当等。较低产老茶园的普遍情况是"稀""老""衰"。

二 低产茶园改造的技术措施

改造低产茶园的技术措施，应针对茶园面貌有的放矢进行。综合各地经验，主要为改树、改土、改园、改采管制度，称"四改"。然而从长远观点看，应有计划地逐步淘汰，重新种植，即改种换植。

1. 改树

改树就是利用茶树的再生特性，通过更新枝干、复壮树势，恢复青春活力，主要表现为树冠更新，通过修剪的方式，抑制茶树顶端生长优势，更新树冠上局部出现的细弱分枝。可通过以下技术措施进行改造。

（1）深修剪　适宜于茶树树冠"鸡爪枝"丛生、生产枝细弱、育芽能力降低、新梢出现大量的单片和对夹叶，而茶树骨干枝仍然生长比较旺盛的茶树。

（2）重修剪　对栽培年份不长，因管理不善、采摘不合理以致未老先衰的茶园进行改造。

（3）台刈　对栽培年份较长，树势非常衰老，树冠多枯枝、虫枝、细弱枝，树干披生地衣、苔藓，发芽无力，芽叶稀少，对夹叶多，单产极低的茶园进行改造。

（4）抽刈　适用于根颈部有较多新枝出现的茶树，这就是所谓的"两层楼"现象。它是由粗老枝为一层、新枝为另一层的两种枝条构成的茶树，改造时，近地面粗老枝可以剪去，利用抽刈后留下的新枝重新培养树冠。

（5）轻剪留养　适宜于树龄不大，枝干生长较健壮，采摘面尚未形成密集"鸡爪枝"的茶树。它是在原有茶树树冠基础上，通过轻修剪后留养一季或两季茶树新梢，待树冠高度达60cm以上时，幅度达到75cm以上时，才投产开采。

【知识窗】

台 刈

对树势衰弱，树冠多枯枝、虫枝、细弱枝，披生地衣、苔藓，发芽无力，芽叶稀小，对夹叶多，单产极低的老茶树，可采取台刈改造。一般在离茶树根颈或地面 5~10cm 处（半乔木状茶树或树势不很衰老的可稍高些），用利刀斜砍或用台刈剪斜剪，大的枝干也可用锯斜锯。刈剪时应防止切口破裂，以免病菌入侵或枯干，影响新梢萌发生长。台刈后留下的枝干若发现有蛀道，可结合杀死害虫。

重 修 剪

树势逐渐趋向衰老，"鸡爪枝"增多，萌芽能力减退，对夹叶增多，产量逐年下降，局部出现虫枝、枯枝的半衰老茶树，以及树势矮小，萌芽无力，产量无法提高的未老先衰的茶树，均可采用重修剪改造。重修剪高度可依树高、长势和品种特性等灵活掌握。树势较衰老、管理差、茶丛低矮的灌木状茶树（如菜茶等），重剪高度以偏低为宜。一般剪去原树高的 2/3 或更多些；树势尚壮或茶丛较高大的半乔木状茶树（如政和大白茶、水仙等），以剪去原树高的 3/5 为宜。

2. 改土

改土就是改变由于土壤板结、水土流失严重等原因造成的茶园低产。其改造方法主要有以下几种。

（1）深耕增施基肥 茶园土壤肥力是茶叶高产优质的基础，合理施肥，不仅是茶叶高产、优质的主要措施，而且与茶叶的品质关系更为密切。我们常采用的施肥技术是大量增施有机肥料，合理搭配氮、磷、钾肥。在茶树行间深耕 30cm（深耕应选在 9~10 月为好），将表土埋入底层，底土翻上，使其熟化，同时结合清园施肥，亩施入菜籽饼 150~200kg、圈肥 1500~2000kg、水肥（人畜粪尿）2000~2500kg、草木灰 1000~1500kg，再配施一定的氮、磷、钾肥，使茶园土壤肥力大大提高，有机质含量得到增加，土壤速效养分也

第十章 低产茶园改造

明显增加。具体施肥量视茶园土壤肥力不同而搭配不同的有机肥与无机肥的用量。

(2) 增加客土 对土层浅、石砾多、肥力差的茶园要增加客土，可以选择富含有机质森林表土、塘泥、生土、水库泥、林边富含腐殖质的酸性土壤作为客土，均匀地铺在茶树周围，从而增厚土层，提高土壤肥力。并视土质情况，采用黏土掺沙、沙土加泥等方法改善土性。

(3) 建坎保土 对水土流失严重的高山陡坡低产茶园，结合森林抚育，采用农作物秸秆沿等高线筑笆修成"拦泥坎"，对防止和减少水土流失具有较好的效果。此外，还可就地取材，用石块、草皮砖等作材料，对陡坡茶园进行改梯、建梯，并按新茶园的要求，修建排蓄水系统，以加强水土保持。

(4) 种植绿肥 茶园种植绿肥可以增加土壤有机质，从而提高土壤肥力。台刈和重修剪茶园最好选用不与茶树争夺水肥的早熟矮生型绿肥，冬季绿肥一般在9月上旬~10月下旬播种比较合适。播种太迟，越冬前苗小、根浅、叶嫩，容易遭到冻害；播种太早，又会出现冬前生长肥嫩，植株抗寒力降低。夏季绿肥，在水热条件许可的情况下，要力争早播。适时将其作为肥料深翻入土。夏季绿肥有速生绿豆、饭豆、花生等；冬季绿肥有油菜、蚕豆、豌豆等豆类植物。

3. 改园

山地茶园常因开垦不合理、斜坡种植无梯层或梯层不等高、梯面自外倾斜以及纵沟纵路多等，造成水土流失严重、腐殖质贫乏、肥力逐年下降、茶根暴露、茶树衰老、产量低，同时还会导致梯层崩塌与大量的土壤冲刷而影响下方的农田。因此，改园的主要目的是更好地达到保水、保土、保肥，以改善茶树根系生长发育的条件。改造时，应针对园地现状，尽可能地按开辟山地新茶园的标准和因地制宜的原则，做好全面规划，坚持质量第一。分期分片，从上而下地把一些不利于水土保持的坡式茶园，梯层不等高，梯面向外倾斜以及各式各样的"篱笆式""半墙式"与纵向丛栽、稀栽的旧茶园，改造成为等高梯层、梯面外高内低、"梯田式"条栽密植茶园。

同时一些不合理的纵沟、纵路也应改为横蓄水沟与环山缓坡路，以利于水土保持。同时，修筑好道路网和排灌系统。改园还要补植缺丛，以采用大茶棵补缺效果较好，如果无大棵，也可以茶苗补缺。

4. 改采管制度

改采管制度是巩固改造成果的关键措施。改造后必须重视茶园的耕锄、施肥、灌溉、防治病虫害等，还要合理采摘，注意留养，切忌"一扫光"。

以上"四改"是互相促进、相辅相成的技术措施，必须全面结合进行，才能巩固改造成果，变低产为高产。

5. 补密换种

"密"与"种"是丰产的前提。缺株多的或稀植茶园，要适当补密、补足，增加单位面积的种植株数。补植方法：可就地用新梢压条补植，也可用同品种的大茶苗或大茶树补植。补植时期最好在台刈或重剪后的当年秋冬或第二年春进行，以利于补植后幼树的管理和生长。补植时，应注意质量，先挖深穴，把底土翻上来，填下表土（或填上客土），并施上基肥，同时选用壮苗带土移栽，压紧根际土壤。对新中国成立前遗留下来的长树龄，老茶头或品种性状杂、产量低、品质劣或空缺多、茶丛极少的旧茶园，可按新建茶园的规格要求，重新改园换种或采取"先补后挖""以新代老"的方法，逐步改植换种。对坡度大（20°以上）、水土冲刷严重、产量极低、改造效果不好的老茶园，也可退茶还林。

三 改造后的管理措施

通过对低产茶园的改造，提高水、肥、土的积蓄能力，改善茶树生长发育的环境条件，为高产稳产打下基础。但是，能否实现持续高产稳产，还要看改后的管理情况。肥、管条件好，剪、养、采得当，树势复壮就快，产量就高，而且持续年限长。否则，改后管理不善，采养不当，树势反而会加快衰老，产量不会提高，甚至比改前还低。因此，改后茶园必须采取肥、管、养、剪、采、保相结合的措施，认真加强水肥管理与合理采养等。台刈、重修剪的茶树，除改造时应施好有机肥等基肥外，在茶季中，还应分批、多次增施速效性氮肥，以促进新梢快速生长与分枝。在勤耕锄、多施肥的基础上，树改后的头一两年内还应特别注意培养树势，前期应以留养为主，并配合轻剪整形、扩大树冠。即当高、幅达 70cm × 80cm 以上时，进行轻修剪或开始轻采摘顶，摘高留低、抑强扶弱、促进分枝、扩大树冠、增加芽头密度。同时，还要特别注意病虫害，一定要及时防治。当新的高稳产树冠已基本养成后，才可逐步投入正常的管理与采养工作。对补植或换种后的幼树应特别加强管理与剪、采、养相结合的护养工作，以加速幼树的快速成长。

对部分未老先衰、树势低矮的茶树，也可在改园、改土与加强管理的基础上，采取封园留养与合理采养的办法，以复壮树势、提高单产。

第十一章
茶树病虫害防治

第一节　茶树主要虫害的防治

我国茶区分布广泛，虫害种类繁多。据不完全统计，全国常见茶树虫害有 400 多种，其中经常发生危害的有 50~60 种。按其危害部位、危害方式和分类地位，大体可归纳为以下五大类：第一类为食叶性害虫，第二类为刺吸式害虫，第三类为蛀梗、蛀果的钻蛀性害虫，第四类为地下害虫，第五类为螨类。

各地主要茶树害虫的种类并非固定不变，随着时间和空间的转移，虫情也会发生变化，次要害虫可以上升为主要害虫，主要害虫也可以沦为次要害虫，新的害虫也将不断出现。这不仅要在防治上注意兼治，而且应结合实际，随时注意和分析虫害发生的新动向，争取主动，及时研究和解决害虫防治上的新问题。

一　假眼小绿叶蝉

【形态特征】　体连翅长 3.1~3.8mm。体黄绿色，头冠前缘有 1 对绿色晕圈（假单眼），中域常有 2 个浅绿色小斑点，前胸背板前缘区及小盾片中端部有黄白色斑块。前翅微带黄色近透明，端部略具烟黄色。体腹面黄绿色，唯颜面带褐色，尾节及足大部分呈绿色至青绿色。

【发生规律与习性】　长江流域每年发生 9~11 代，福建 11~12 代，广东、广西 12~13 代。以成虫在茶丛内叶背、杂草或其他植物上越冬。越冬成虫一般于 3 月间当气温升至 10℃以上，即活动取食，并逐渐孕卵繁殖，4月上、中旬第1代若虫盛发。以后，每半个月或1个月发生1代，直至11月停止繁殖。

【为害特点】　假眼小绿叶蝉以成虫、若虫刺吸芽叶汁液为害，受害芽叶卷曲、硬化，叶尖、叶缘红褐色焦枯似火烧，茶叶生长停滞，严重时全叶焦枯脱落，降低产量。小绿叶蝉各期形态和为害症状，见图11-1。

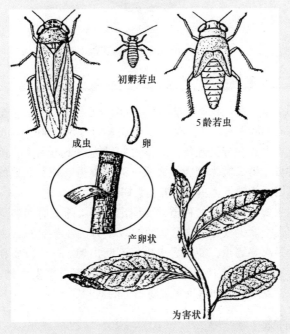

图11-1　小绿叶蝉各期形态和为害症状

【防治方法】

1）加强茶园管理，及时清除杂草。清除茶园及附近的杂草，减少越冬和当年的虫口。

2）采摘灭虫。及时分批采茶，随芽梢带走大量虫卵，并恶化其营养条件和产卵场所。

3）药剂防治。根据虫情检查，掌握防治指标，及时施药，把虫口控制在高峰到来之前。

二 茶蚜

【形态特征】

1）有翅成蚜：体长约 2mm，黑褐色，有光泽；触角第 3 ~ 5 节依次渐短，第三节一般有 5 ~ 6 个感觉圈排成一列，前翅中脉两叉，腹部背侧有 4 对黑斑，腹管短于触角第四节，而长于尾片，基部有网纹。

2）有翅若蚜：棕褐色，触角第 3 ~ 5 节几乎等长，感觉圈不明显，翅蚜乳白色。

3）无翅成蚜：近卵圆形，稍肥大，棕褐色，体表多细密浅黄色横列网纹，触角黑色，第三节上无感觉圈，第 3 ~ 5 节依次渐短。无翅若蚜：浅棕色或浅黄色。

4）卵：长椭圆形，一端稍细，漆黑色而有光泽。

【发生规律与习性】 茶蚜在安徽一带茶区一年发生 25 代以上，以卵在茶树叶背越冬，华南地区以无翅蚜越冬，甚至无明显越冬现象。当早春 2 月下旬平均气温持续在 4℃ 以上时，越冬卵开始孵化，3 月上中旬可达到孵化高峰，经连续孤雌生殖，到 4 月下旬~5 月上中旬出现危害高峰，此后随气温升高而虫口骤降，直至 9 月下旬~10 月中旬，出现第二次危害高峰，并随气温降低出现两性蚜，交配产卵越冬，产卵高峰一般在 11 月上中旬。茶蚜趋嫩性强，以芽下第一、二片叶上的虫量最大。早春虫口以茶丛中下部嫩叶上较多，春暖后以蓬面芽叶上居多，炎夏锐减，秋季又增多。茶蚜聚集在新梢嫩叶背及嫩茎上刺吸汁液，受害芽叶萎缩，伸展停滞，甚至枯竭，其排泄的蜜露，可招致煤菌寄生，影响茶叶产量和质量。冬季低温对越冬卵的存活无明显影响，但早春寒潮可使若蚜大量夭折。茶蚜喜在日平均气温 16 ~ 25℃、相对湿度在 70% 左右的晴暖少雨的条件下繁育。

【为害特点】 茶蚜以若虫和成虫集聚芽梢和嫩叶背面刺吸汁液为害，引起芽叶萎缩、伸展停滞，同时排泄蜜露诱发茶煤病。受害芽叶制成的干茶色暗汤浊且带腥味，影响茶叶产量和品质。

茶蚜各期形态和为害症状，见图 11-2。

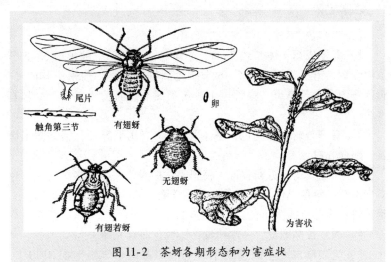

图 11-2　茶蚜各期形态和为害症状

【防治方法】

1）及时分批采摘。适时分批勤采是抑制茶蚜发生的重要措施。

2）生物防治。蚜虫性信息素对草蛉有明显的引诱效应，用其研制的行为调节剂能显著地吸引草蛉。中国科学院动物研究所研制的含有蚜虫报警信息素的灭蚜农药可显著地加大蚜虫的中靶率，减少农药的施用量。也可采用传统的生物防治方法，将瓢虫、草蛉和蚜茧蜂等天敌助迁至茶蚜虫情严重的茶园。

三　黑刺粉虱

【形态特征】

1）成虫：体长 0.96～1.3mm，橙黄色，体薄敷白粉。复眼肾形、红色。前翅紫褐色，上有 7 个白斑；后翅小，浅紫褐色。卵新月形，长 0.25mm，基部钝圆，具有 1 个小柄，直立附着在叶上，初乳白色后变浅黄色，孵化前灰黑色。

2）若虫：体长 0.7mm，黑色，体背上具刺毛 14 对，体周缘泌有明显的白蜡圈；共 3 龄，初龄椭圆形、浅黄色，体背生 6 根浅色刺毛，体渐变为灰至黑色，有光泽，体周缘分泌 1 圈白蜡质物；2 龄黄黑色，体背具 9 对刺毛，体周缘白蜡圈明显。

3）蛹：椭圆形，初乳黄色渐变黑色。蛹壳椭圆形，长 0.7~1.1mm，漆黑有光泽，壳边锯齿状，周缘有较宽的白蜡边，背面显著隆起，胸部具 9 对长刺，腹部有 10 对长刺，两侧边缘雌虫有长刺 11 对，雄虫有长刺 10 对。

【发生规律与习性】 安徽、浙江每年发生 4 代，福建、湖南和四川 4~5 代，均以若虫于叶背越冬。越冬若虫 3 月间化蛹，3 月下旬~4 月羽化。世代不整齐，从 3 月中旬~11 月下旬田间各虫态均可见。各代若虫发生期：第 1 代 4 月下旬~6 月，第 2 代 6 月下旬~7 月中旬，第 3 代 7 月中旬~9 月上旬，第 4 代 10 月~第二年 2 月。成虫喜较阴暗的环境，多在树冠内膛枝叶上活动，卵散产于叶背，散生或密集呈圆弧形，数粒至数十粒一起，每只雌虫可产卵数十粒至百余粒。初孵若虫多在卵壳附近爬动吸食，共 3 龄，2、3 龄固定寄生，若虫每次蜕皮均留叠体背。卵期：1 代 22 天，2~4 代 10~15 天。非越冬若虫期 20~36 天。蛹期 7~34 天。成虫寿命 6~7 天。天敌有瓢虫、草蛉、寄生蜂、寄生菌等。

【为害特点】 成若虫刺吸叶、嫩枝的汁液，受害叶出现失绿黄白色斑点，随为害的加重斑点扩展成片，进而全叶苍白早落。排泄蜜露可诱致煤污病发生。黑刺粉虱各期形态和为害症状，见图 11-3。

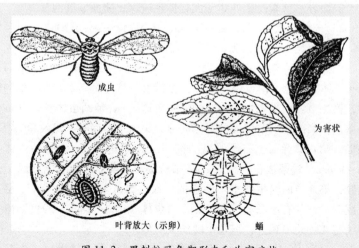

成虫

为害状

叶背放大（示卵）　　蛹

图 11-3　黑刺粉虱各期形态和为害症状

【防治方法】

1）农业防治。分批勤采，尤其是春茶可带走产于新梢上的卵。修剪、中耕和茶丛修边时剪除虫枝。改善茶园通风透光条件。合理施肥，增施有机肥，增强树势。

2）生物防治。寄生率高的茶园，寄生蜂羽化前连同虫叶移植助迁至高密度粉虱种群中。引种定殖虫生真菌至黑刺粉虱种群中。当环境条件适宜，尤其是湿度较高、寄主密度较大时，则成为流行病，可迅速控制粉虱种群。

四　茶尺蠖

【形态特征】

1）成虫：体长 9~12mm，翅展 20~30mm，雄蛾较小。头部小，复眼黑色近球形，触角丝状，灰褐色。全体灰白色，头胸背面厚被鳞片和绒毛，翅面疏被黑褐色鳞片，前翅具黑褐色鳞片组成的内横线、外横线、亚外缘线、外缘线各一条，弯曲成波状纹，外缘线色稍深，沿外缘具黑色小点 7 个。外缘及后缘有灰白色缘毛；后翅稍短，外缘生有 5 个黑点，缘毛灰白色。足灰白色，杂有黑色鳞片，中足胫节末端、后足中央及末端各生距一对。体形大小及体色随季节不同而异，秋季发生的体形大且体色较深；翅面波纹明显。

2）末龄幼虫：体长 26~30mm，体圆筒形，头部褐色。初孵幼虫黑色，体长 1.5mm，头大，胸腹部各节均具白纵线及环列白色小点。1 龄幼虫后期体褐色，白点白线逐渐消失；2 龄幼虫体长 4~6mm，体黑褐色，白点白线消失，腹部第一节背面具 2 个不明显的黑点，第二节背面生 2 个较明显的深褐色斑纹；3 龄幼虫体长 7~9mm，茶褐色，腹部第一节背面的黑点明显，第二节背面有一黑纹呈"人"字形，第八节背面也有不明显的倒"人"字形黑纹；4 龄幼虫体长 13~16mm，浅茶褐色，腹部 2~4 节背面具不明显的灰黑色"回"形斑纹，第六节两侧生两个不明显的黑纹，第八节背面倒"人"字形斑纹明显，并有小凸起一对；5 龄幼虫体长 18~22mm，灰色，体背斑纹与 4 龄幼虫相近，但较 4 龄幼虫明显。

3）蛹：长 10~14mm，长椭圆形，雄蛹较小。赭褐色，头部色较暗。触角与翅芽达腹部第四节，第五腹节前缘两侧各具眼状斑一个，臀棘近三角形，雄蛹臀棘末端具一分叉的短刺。

4）卵：长1mm，椭圆形。初绿色，后变灰褐色，孵化前为黑色。常数十粒至百余粒成堆，上覆白色絮状物。

【发生规律与习性】 浙江每年发生6~7代，安徽、江苏5~6代，以蛹在树冠下表土内越冬。第2年3月上、中旬成虫羽化产卵，4月初第1代幼虫始发，为害春茶。第2代幼虫于5月下旬~6月上旬发生，以后约每隔一个月发生1代，10月后以老熟幼虫陆续入土化蛹越冬。越冬蛹羽化进度不一，发生代数多、不整齐，除1、2代尚可分清后各世代重叠。各世代生活历期因气候不同而异。浙江杭州1代均温18℃约56天，2代均温21℃约41天，3代均温26℃约34天，4~5代均温28℃约30天，越冬代长达6个月。成虫多于黄昏至天亮前羽化，白天平展四翅，静息于茶丛中，受惊后迅速飞走。傍晚开始活动，雌虫飞翔力弱，雄虫活泼，飞翔力较强，具趋光性。

【为害特点】 幼虫咬食叶片成弧形缺刻。发生严重时，将茶树新梢吃成光秃，仅留秃枝，致树势衰弱，抗寒力差，易受冻害。大发生时常将整片茶园啃食一光，状如火烧，对茶叶生产影响极大。茶尺蠖各期形态和为害症状，见图11-4。

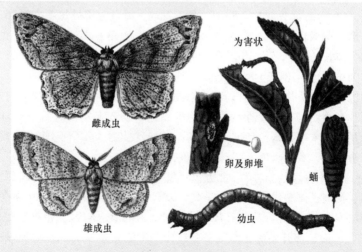

为害状

雌成虫

卵及卵堆

蛹

雄成虫

幼虫

图11-4 茶尺蠖各期形态和为害症状

【防治方法】

1）灭蛹。在越冬期间，结合秋冬季深耕施基肥，清除树冠下表土中虫蛹，深埋施肥沟底。若结合培土，在茶丛根颈四周培土10cm，效果更好。

2）人工捕杀。根据幼虫受惊后吐丝下垂的习性，可在傍晚或清晨打落承接，加以消灭。也可于清晨在成虫静伏的场所进行捕杀。

3）灯光诱杀。在成虫盛发期，设置黑光灯或采用配有光源的高压电网进行诱杀。

4）放鸡除虫。鸡食蛹，也吃幼虫，如振动茶丛，幼虫吐丝下垂，引鸡啄食，可消灭更多。

5）生物防治。尽量减少化学农药施用次数，降低农药用量，以保护自然天敌，充分发挥其自然控制作用。对茶尺蠖，可自茶园采集或通过人工饲养的越冬绒茧蜂，室内保护过冬，于第二年待蜂羽化后释放到茶园中，以防治茶尺蠖第一代幼虫；对第1、2及5或6代可施用茶尺蠖核型多角体病毒（NPV）悬浮液，一般用量为 1.5×10^{10} PIB/mL，使用时掌握在1、2幼龄虫期。

五　绿盲蝽

【形态特征】　体长5mm，宽2.2mm，绿色，密被短毛。头部三角形，黄绿色，复眼黑色突出，无单眼，触角4节、丝状、较短，约为体长的2/3，第二节长等于三四节之和，向端部颜色渐深，第一节为黄绿色，第四节为黑褐色。前胸背板深绿色，密布许多小黑点，前缘宽。小盾片三角形微突，黄绿色，中央具有一条浅纵纹。前翅膜片半透明暗灰色，余绿色。足黄绿色，肠节末端、财节色较深，后足腿节末端具褐色环斑，雌虫后足腿节较雄虫短，不超腹部末端，跗节3节，末端黑色。

【发生规律与习性】　北方每年发生3~5代，运城4代，陕西泾阳、河南安阳5代，江西6~7代，以卵在枯枝、断枝内及土中越冬。第二春3~4月旬均温高于10℃或连续5天均温达11℃，相对湿度高于70%时，卵开始孵化。第一、二代多生活在紫云英、苜蓿等绿肥田中。成虫寿命长，产卵期30~40天，发生期不整齐。成虫飞行力强，喜食花蜜，羽化后6~7天开始产卵。非越冬代卵多散产在嫩叶、茎、叶柄、叶脉、嫩蕾等组织内，外露黄色卵盖，卵期7~9天。6月中旬棉花现蕾后迁入棉田，7月达高峰，8月下旬棉田花蕾渐少，便迁至其他寄主上为害蔬菜、果树和茶树。主要天敌有寄生蜂、草蛉、捕食性蜘蛛等。

【为害特点】　以成、若虫刺吸茶树嫩叶为害。叶片受害形成具大量破孔、皱缩不平的"破叶疯"。腋芽、生长点受害造成腋芽丛生，破叶累累似扫帚苗。绿盲蝽各期形态和为害症状，见图11-5。

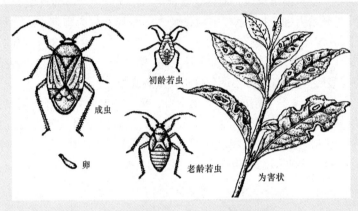

初龄若虫

成虫

卵

老龄若虫

为害状

图 11-5　绿盲蝽各期形态和为害症状

【防治方法】

1）结合茶园管理。春前清除田间杂草，茶丛轻修剪后随即彻底清除剪下枝梢。茶园如间种冬作豆类等作物，需特别注意防护。

2）药剂防治。在越冬卵盛孵期或始见为害状时，即喷药防治。春茶开采时不需要再防治。

六　茶小卷叶蛾

【形态特征】

1）成虫：体长约7mm，展翅16~20mm，浅黄褐色。前翅近菜刀形。翅面有3条深褐色宽纹，其中中间1条从中部向臀角处分成"h"形，近翅尖1条呈"V"形。雄蛾较雌蛾略小，翅面的斑色较暗，翅基褐斑较大而明显。

2）卵：浅黄色，椭圆形，扁平，鱼鳞状排列成椭圆形卵块。

3）幼虫：成熟时体长 16～20mm，头黄褐色，体绿色，前胸硬皮板浅黄褐色。

4）蛹：长约 10mm，黄褐色，各腹节背面基部均有 1 列钩状小刺。

【发生规律与习性】　安徽、江苏、浙江每年发生 4～5 代，江西 5 代，湖南 5～6 代，广东 6～7 代，以 3～5 龄幼虫越冬，部分地区以蛹越冬。安徽南部茶区，越冬幼虫于第二年 3 月中、下旬气温为 7～10℃时开始为害，4 月上、中旬化蛹。1～5 代幼虫为害期：1 代为 4 月下旬~5 月下旬；2 代为 6 月中、下旬；3 代 7 月中旬~8 月上旬；4 代 8 月中旬~9 月上旬；5 代 10 月上旬~第二年 4 月前。除 1 代发生较整齐外，以后各代有不同程度世代重叠现象。

【为害特点】　幼虫吐丝卷缀芽叶，匿居虫苞内啮食叶肉，残留一层表皮造成鲜叶减少，芽梢生长受抑。危害严重时茶丛蓬面红褐焦枯、芽叶生长停滞。将受害作物制成茶叶后碎片多，品质下降。茶小卷叶蛾各期形态和为害症状，见图 11-6。

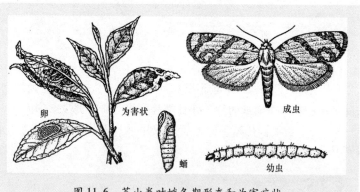

图 11-6　茶小卷叶蛾各期形态和为害症状

【防治方法】

1）1～2 龄幼虫期在嫩叶尖为害，及时多次采茶可同时摘除虫口，也可结合田间管理摘除卵叶和虫苞。此外早春可结合修剪，剪除越冬虫苞。

2）在成虫盛发期进行灯光诱杀或用活雌蛾进行性诱杀。

3）上代老熟幼虫密度每米茶丛达 4~6 只，或蛹 2~3 只的茶园可作为 1~2 代茶小卷叶蛾的防治指标。

4）茶小卷叶蛾的天敌种类有很多，如卵寄生蜂、幼虫病毒病、捕食性蜘蛛、赤眼蜂、卷蛾小茧蜂、茶毛虫绒茧蜂、棉褐带卷蛾黄蜂等，对茶小卷叶蛾的种群控制有很大作用，应予保护和利用。

七 茶细蛾

【形态特征】

1）成虫：体长 4~6mm，翅展 10~13mm，头、胸部暗褐色，复眼黑色，颜面被黄色毛。触角丝状，褐色。前翅褐色带紫色光泽，近中央处具一金黄色三角形大纹达前缘。后翅暗褐色，缘毛长。

2）卵：长 0.30~0.48mm，扁平椭圆形，无色，有水滴状光泽。幼虫体长 8~10mm。

3）幼虫：乳白色，半透明，口器褐色，单眼黑色，体表具白短毛，低龄阶段体略扁平，头小胸部大，腹部由前渐细，后期体呈圆筒形，能看见深绿色至紫黑色消化道。

4）蛹：长 5~6mm，圆筒形，浅褐色。腹面及翅芽浅黄色，复眼红褐色。茧长 7.5~9mm，长椭圆形，灰白色。

【发生规律与习性】 浙江松阳每年发生 7 代，以蛹茧在茶树中下部成叶或老叶面凹陷处越冬，第二春 4 月成虫羽化产卵，第 1 代 4 月中下旬，第 2 代 5 月下旬，第 3 代 6 月下旬~7 月上旬，第 4 代 7 月下旬，第 5 代 8 月下旬，第 6 代 9 月下旬~10 月上旬，第 7 代 11 月中旬，4 代后出现世代重叠现象，以 5~6 代危害最重。成虫晚上活动、交尾，有趋光性。成虫羽化后 2~3 天把卵产在嫩叶背面，芽下第二叶居多，三叶次之，芽上少，一片叶上数粒至数十粒，1~3 代每只雌虫可产卵 44~68 粒，余各代少。1~2 龄为潜叶期，3~4 龄前期为卷边期，4 龄后期、5 龄初期进入卷苞期，把叶尖向叶背卷结为三角虫苞，隐匿苞中咀食叶肉，幼虫常转苞危害，把粪便堆积在苞内，严重影响茶叶质量。老熟幼虫把苞咬一孔洞爬出后，至下方老叶或成叶背面吐丝结茧化蛹。该虫卵期3~5天，幼虫期9~40天，非越冬蛹7~16天，成虫寿命4~6天。留养茶园及幼龄茶园芽叶较多，利其发生。每年夏季受害重。气温升至28℃以上，成虫易死亡，产卵也少，7~8月危害较轻。主要天敌有锥腹小蜂，寄生率20%左右，多种蜘蛛捕食茶细蛾成虫、幼虫。

【为害特点】 幼虫喜幼嫩叶片取食为害，初孵幼虫（1~2龄）在叶背潜叶为害，随后卷边为害，在卷边内取食叶肉，后期将叶尖卷成三角形虫苞，在苞内取食。不仅影响产量，而且由于虫粪污染，影响茶叶品质。茶细蛾各期形态和为害症状，见图11-7。

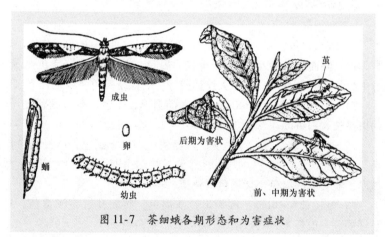

图11-7　茶细蛾各期形态和为害症状

【防治方法】

1）分批及时采茶，注意采去有虫叶，减少该虫产卵场所及食料。

2）加强茶园管理，发现虫苞及时摘除，集中烧毁或深埋。

八　茶叶斑蛾

【形态特征】 成虫体长17~20mm，翅展56~66mm。雄蛾触角双栉齿状；雌蛾触角基部丝状，上部栉齿状，端部膨大，粗似棒状。头、胸、腹基部和翅均黑色，略带蓝色，具缎样光泽。头至第二腹节青黑色有光泽。前翅基部有数枚黄白色斑块，中部内侧黄白色斑块连成一横带，中部外侧散生11个斑块；后翅中部黄白色横带甚宽，近外缘处也散生若干黄白色斑块。卵椭圆形，鲜黄色，近孵化时转为灰褐色。

成熟幼虫体长 20~30mm，圆形似菠萝状。体黄褐色，肥厚，多瘤状凸起，中、后胸背面各具瘤突 5 对，腹部 1~8 节各有瘤突 3 对，第九节生瘤突 2 对，瘤突上均簇生短毛。蛹长 20mm 左右，黄褐色。茧褐色，长椭圆形。

【发生规律与习性】　安徽、江西、贵州每年发生 2 代，以老熟幼虫于 11 月后在茶丛基部分叉处或枯叶下、土隙内越冬。第二年 3 月中、下旬气温上升后上树取食。4 月中、下旬开始结茧化蛹，5 月中旬~6 月中旬成虫羽化产卵。第 1 代幼虫发生期在 6 月上旬~8 月上旬，8 月上旬~9 月下旬化蛹，9 月中旬~10 月中旬第 1 代幼虫羽化产卵，10 月上旬第二代幼虫开始发生。卵期 7~10 天；幼虫期 1 代 65~75 天，2 代长达 7 个月左右；蛹期 24~32 天；成虫寿命 7~10 天。成虫活泼，善飞翔，有趋光性。成虫具异臭味，受惊后，触角摆动，口吐泡沫。昼夜均活动，多在傍晚于茶园周围行道树上交尾。雌雄虫交尾后 1~2 天产卵，3~5 天产完，卵成堆产在茶树或附近其他树木枝干上，每堆数十粒至百余粒，每只雌虫产卵 200~300 粒。雌蛾数量较雄蛾多。初孵幼虫多群集于茶树中下部或叶背面取食，2 龄后逐渐分散，在茶丛中下部取食叶片，沿叶缘咬食致叶片成缺刻。幼虫行动迟缓，受惊后体背瘤状凸起处能分泌出透明黏液，但无毒。老熟后在老叶正面吐丝，结茧化蛹。

【为害特点】　幼虫咬食叶片，幼龄幼虫仅食下表皮和叶肉，残留上表皮，形成半透明状枯黄薄膜。成长幼虫把叶片食成缺刻，严重时全叶食尽，仅留主脉和叶柄。茶叶斑蛾各期形态和为害症状，见图 11-8。

【防治方法】

1）结合耕作在茶丛根际培土，稍加镇压，防止成虫羽化出土。

2）人工捕捉幼虫。

3）生物防治。用青虫菌、杀螟杆菌和苏芸金杆菌每毫升含 0.25 亿~0.5 亿孢子液单喷。

4）药剂防治。在低龄幼虫时喷药。

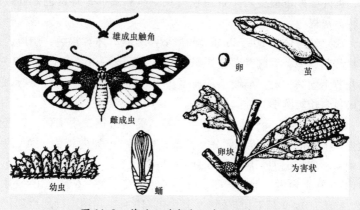

图11-8　茶叶斑蛾各期形态和为害症状

九　茶梢蛾

【形态特征】

1）成虫：体长5~7mm，深灰色，有的茶梢蛾成虫具金属光泽。触角丝状，比前翅稍长。前翅狭长，翅面有许多小黑点，翅中部近后缘有2个黑色圆斑。后翅狭长呈匕首形。前、后翅后缘均有长缘毛。

2）卵：椭圆形，浅黄色。

3）幼虫：成长后体长7~9mm，头部深褐色，胸、腹部蜜黄色，被稀疏短毛，腹足不发达。

4）蛹：黄褐色，近圆柱形，长约5mm，末端有1对向前伸出的浅黄色棒状凸起。

【发生规律与习性】　茶梢蛾在秦巴山区每年发生1代，以幼虫在枝梢虫道内越冬。第二年5~6月化蛹，6月~7月下旬，成虫开始羽化产卵，卵产于茶树中下部枝梢叶柄附近，7月上旬开始陆续孵化。幼虫孵化后爬至叶背潜入叶内，在上下表皮间啃食叶肉，形成虫斑。10月以后，幼虫陆续从叶片移到枝梢上，从节间蛀入枝梢内危害并越冬，有时，转移的时间可持续至第二年3月。幼虫进入枝梢后，顶端芽叶常枯死，但不立即脱落，在茶丛中极为明显。幼虫在枝梢内的蛀食虫道长约10cm，枝梢上有圆形孔洞，下方的叶片上常有散落的黄色颗粒虫粪。

　　茶梢蛾的发生量与茶树栽培方式、茶园管理水平及海拔具有一定关系。一般条植茶园、留养水平高的茶园及幼龄茶园发生较多；及时分批采摘的茶园及合理修剪的茶园发生较少。在海拔800m以下茶园中发生较多，危害程度也重，随着海拔的升高，茶梢蛾发生量减少。

　　【为害特点】　主要以幼虫蛀食茶树顶部新梢为害，造成新梢枯死。局部茶区发生严重，影响茶叶产量。茶梢蛾各期形态和为害症状，见图11-9。

成虫

蛹

在枝梢为害状（放大）

幼虫

为害状

在叶部为害

图11-9　茶梢蛾各期形态和为害症状

【防治方法】

1）苗木检疫。调运苗木时要加强检验，防止传播蔓延。

2）农业防治。茶梢蛾在枝梢内越冬，在羽化前的冬春季节进行全园修剪，修剪的深度以剪除幼虫（枝梢有虫道的部位）为度，剪下的茶梢叶片要集中园外处理，进行烧毁或深埋。

3）保护天敌。合理施用化学农药，尽可能少施化学农药，可以保护茶园中的茧蜂、小蜂、寄生蝇、蜘蛛、步行虫、蜻蜓等天敌，抑制茶梢蛾的发生。

4）化学防治。在幼虫孵化后（7月中下旬）至转蛀枝梢越冬前（10月）及时进行化学防治。

➕ 长白蚧

【形态特征】 雌成虫体长 0.6~1.4mm，梨形，浅黄色，无翅。雄成虫体长 0.5~0.7mm，浅紫色，头部色较深，翅 1 对，白色半透明，腹末有一针状交尾器。卵椭圆形，长约 0.23mm，宽约 0.11mm，浅紫色，卵壳白色。初孵若虫椭圆形，浅紫色，触角和足发达，腹末有尾毛 2 根，能爬行。1 龄若虫后期体长约 0.39mm，2 龄若虫体长 0.36~0.92mm，体色有浅黄、浅紫和橙黄色等多种，触角和足退化，3 龄若虫浅黄色，梨形。前蛹浅黄色，长椭圆形，长 0.6~0.9mm，腹末有尾毛 2 根。蛹紫色，长 0.66~0.85mm，腹末有一针状交尾器。长白蚧的介壳灰白色，较细长，前端较窄，后端稍宽，头端背面有一褐色壳点。雌虫介壳在灰白色蜡壳内还有一层褐色盾壳，雄虫介壳较雌虫介壳小，内无褐色盾壳。

【发生规律与习性】 在浙江、湖南省茶区每年发生 3 代，以老熟雌若虫和雄虫前蛹在茶树枝干上越冬，第二年 3 月下旬~4 月下旬时雄成虫羽化，4 月中、下旬雌成虫开始产卵。第 1、2、3 代若虫孵化盛期分别在 5 月中下旬、7 月中下旬、9 月上旬~10 月上旬。第 1、2 代若虫孵化比较整齐，而第三代孵化期持续时间长。虫口在茶丛中的分布部位随代别、性别而异，一般枝干上的虫数最多，雌虫几乎全部分布在枝干上，雄虫则第 1、2 代多数分布在叶缘的锯齿间，第 3 代多数分布在枝干上。各虫态历期为：卵期 13~20 天，若虫期 23~32 天，雌成虫寿命 23~30 天。雌成虫产卵于介壳内，每只雌虫产卵量为10～30粒。若虫孵化后从介壳下爬出，爬动数小时后，找到适合的部位，将口器插入茶树组织中固定，并分泌白色蜡质覆盖于体表。雌虫共3龄，雄虫2龄。

【为害特点】 以若虫和雌成虫刺吸茶树汁液为害，受害茶园树势生长衰弱，叶片稀少瘦小，茶园未老先衰，茶叶产量、质量明显下降，严重时可导致大面积茶园死亡。长白蚧各期形态和为害症状，见图11-10。

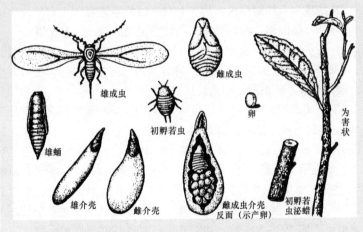

图11-10　长白蚧各期形态和为害症状

【防治方法】

1) 苗木检验。新区茶园，种植前必须检验茶苗插条；从无长白蚧的苗圃调运苗木；如果发现茶苗上有长白蚧，应在若虫孵化盛期将其彻底消灭。

2) 加强茶园管理。合理施肥，注意氮、磷、钾的配合；及时除草，剪除徒长枝，清兜亮脚，通风透光，避免郁闭；低洼茶园，注意开沟排水。局部发生的茶园，随时剪除虫枝，发生严重、树势衰弱的茶园，在采茶后进行台刈，台刈后的树桩应适时喷药防治。

3) 保护天敌。台刈或修剪下来的虫枝，最好先集中在茶园背风低洼处，待寄生蜂羽化后再烧毁；药剂防治时，应选择残效期短、对益虫影响小的药剂种类。

4）化学防治。狠治第1代，重点治第2代，必要时补治第3代。施药适期应在卵孵化末期至1、2龄若虫期。

十一 红蜡蚧

【形态特征】

1）雌成虫：椭圆形，背面有较厚、暗红色至紫红色的蜡壳覆盖，蜡壳顶端凹陷呈脐状。有4条白色蜡带从腹面卷向背面。虫体紫红色，触角6节，第三节最长。

2）雄成虫：体暗红色，前翅1对，白色半透明。

3）卵：椭圆形，两端稍细，浅红色至浅红褐色，有光泽。

4）若虫：初孵时扁平椭圆形，浅褐色或暗红色，腹端有两长毛；2龄若虫体稍凸起，暗红色，体表被白色蜡质；3龄若虫蜡质增厚，触角6节，触角和足颜色较浅。

【发生规律与习性】 每年发生1代，以受精雌虫越冬。5月下旬~6月上旬为越冬雌虫产卵盛期。雌若虫蜕皮3次，第一龄约经20天；第二龄经23~25天；第三龄经30~35天。9月上旬成熟交尾后越冬。雄虫第一龄若虫期与雌虫同，第二龄若虫期40~45天，前蛹期1~2天，蛹期2~6天。雄成虫8月中旬~9月上旬羽化，寿命甚短，仅1~2天。越冬雌虫产卵于体下，产卵期长，可达1个月。每只雌虫可产卵200~500粒。初孵若虫离母体后移至新梢。群集于新叶及嫩枝上，多在受阳光的外侧枝梢上寄生，树冠内膛枝叶寄生较少。

【为害特点】 成虫和若虫密集寄生在茶树枝干上和叶片上，吮吸汁液为害。雌虫多在茶树枝干上和叶柄上为害，雄虫多在叶柄和叶片上为害，并能诱发煤污病，致使茶树长势衰退，树冠萎缩，全株发黑，严重危害时则造成茶树整株枯死。红蜡蚧各期形态和为害症状，见图11-11。

【防治方法】

1）人工防治：发生初期，及时剔除虫体或剪除多虫枝叶，集中销毁。

2）农业防治：及时合理修剪，改善通风、光照条件，减轻危害。

3）检疫防治：加强苗木引入及输出时的检疫工作。

4）生物防治：保护和利用天敌昆虫，红蜡蚧的寄生性天敌较多，常见的有红蜡蚧扁角跳小蜂、蜡蚧扁角跳小蜂、蜡蚧扁角（短尾）跳小蜂、赖食软蚧蚜小蜂等。

图11-11　红蜡蚧各期形态和为害症状

十二　茶橙瘿螨

【形态特征】　成螨体长约0.14mm，橙红色，长圆锥形。前体段有足2对，后体段有很多环纹，体上具刚毛，末端1对较长。卵球形，初产时无色透明，呈水球状，近孵化时混浊。幼螨无色至浅黄色，若螨浅橘黄色，均有2对足。

【发生规律与习性】　各地发生代数不一样，长江流域茶区每年发生20余代，世代重叠，虫态混杂，一般以成螨在叶背越冬。第二年3月中下旬气温回升后，成螨开始由叶背转向叶面为害。成螨有陆续孕卵、分次产卵的习性，卵散产于叶背。全年有两次明显的发生高峰，第一次在5月中旬~6月下旬，第二次在8~10月高温干旱季节。

【为害特点】　成螨和若螨刺吸茶树叶片汁液，致使叶片失去光泽、芽叶萎缩，呈现不同色泽的锈斑，叶脆易裂，严重时造成落叶，树势衰弱。茶橙瘿螨是茶园最严重的害螨之一。茶橙瘿螨各期形态和为害症状，见图11-12。

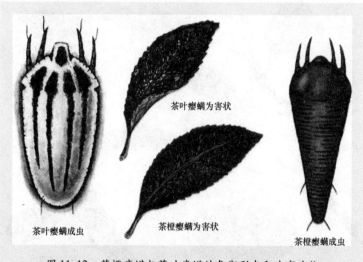

茶叶瘿螨为害状

茶叶瘿螨成虫

茶橙瘿螨为害状

茶橙瘿螨成虫

图11-12　茶橙瘿螨与茶叶瘿螨的各期形态和为害症状

【防治方法】　加强茶园管理。冬季清除落叶烧毁，根际培土壅根，铲除茶园杂草，减少虫源。盛发期也应及时清除落叶。加强肥水管理，防旱抗旱以增强树势。

十三　茶叶瘿螨

【形态特征】

1）成虫：体长约0.2mm，紫黑色，腹部近圆柱形，由前向后稍细，腹背部有环纹，背面约60环，背部有5条白色纵列的絮状物，体两侧各有排成一列的刚毛4根，腹部末端有刚毛1对，向后伸出，足2对。

2）卵：黄白色，圆形，半透明，散生于叶表面上。

3）若螨：体黄褐色，近菱形，长0.05～0.1mm，有白色蜡状物，若虫与成虫相似。

【发生规律与习性】 分布于江苏、浙江、安徽、江西、福建、山东、湖北、湖南、广东、贵州、台湾等省。每年均有发生，以成虫、若虫在叶背越冬，每年发生10多代，且世代重叠，7~10月为盛发期；成螨常栖息于叶面并产卵于叶面。高温干旱，荫蔽的茶园，苗圃苗木和叶片平展、隆起度大的大叶种易受危害。第二年春开始繁殖，田间世代重叠。安徽、浙江、江苏6~8月发生多，福建7~10月发生重。气温25℃，完成1代仅需13~14天，其中卵期5天，幼螨、若螨期4~5天，产卵前期4天，成虫寿命6~7天；均温32℃，完成1代仅需10天。每只雌螨产卵16~28粒，散产在叶面上。非越冬螨多栖息在成叶或者叶面主脉两侧或凹陷处。气温25~28℃，相对湿度70%~80%及少雨条件下易大发生。

【为害特点】 主要为害叶片。受害后初期症状不明显，仅见叶面散有灰白色尘末状虫体或蜕皮，后叶片失去光泽变成紫褐色，致叶片变脆或两侧上卷后干枯脱落，茶丛中芽叶萎缩硬化。茶叶瘿螨各期形态和为害症状，见图11-12。

【防治方法】 干旱季节及时抗旱，加强肥水管理，增强树势，过于荫蔽的茶园要适当剪除萌发枝，盛发期及时清除落叶，苗圃苗木以防为主，应在5月上旬喷药预防。如果移栽时发现苗木有螨类危害，则应先喷一次药，几天后再起苗调运。秋、冬季进行轻修剪，并将剪下的枝叶埋入土中，降低虫口越冬基数；用生物性无公害农药防治。

十四 茶丽纹象甲

【形态特征】

1）成虫：体长6~7mm，灰黑色，体背具有由黄绿色闪金光的鳞片集成的斑点和条纹，腹面散生黄绿色或绿色鳞毛。触角膝状，端部3节膨大。鞘翅上也具黄绿色纵带，近中央处有较宽的黑色横纹。

2）卵：椭圆形，黄白色至暗灰色。

3）幼虫：体长5.0~6.2mm，乳白色至黄白色，体多横皱，无足。

4）蛹：长椭圆形，长5.0~6.0mm，黄白色，羽化前灰褐色。头顶及各体节背面有刺突6~8枚，胸部的较显著。

【发生规律与习性】 该虫每年发生1代，多以老熟幼虫在茶丛树冠下土中越冬。闽东地区（福安）3~4月越冬幼虫陆续化蛹，4月中下旬成虫开始分批出土，5月是成虫盛发期，为害产卵盛期在5月上旬~6月间。成虫终结期在8月间。在一天中以16：00~20：00取食最烈，主要食害新梢嫩叶，自叶缘咬食，呈许多半环形缺刻，甚至仅留叶脉。全年以夏茶受害最重。成虫具假死性，卵散产于树下松土间，多数分布在根际周围。平均每只雌虫可产卵200多粒。幼虫在土中取食寄主须根。成虫寿命平均9.4~58.3天，最长的123天，卵期一般9天，最长的14天。

【为害特点】 幼虫在土中食须根，主要以成虫咬食叶片为害，致使叶片边缘呈弧形缺刻。严重时全园残叶秃脉，对茶叶产量和品质影响很大。茶丽纹象甲各期形态和为害症状，见图11-13。

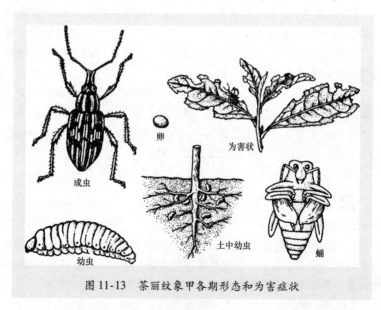

图11-13 茶丽纹象甲各期形态和为害症状

【防治方法】

1）耕地时人工随犁捡拾蛴螬或放出鸡、鸭啄食。成虫盛发时，利用其假死性，夜晚在集中危害的茶树下，张挂塑料薄膜，振落捕杀。

2）成虫盛发期，利用其趋光性，傍晚进行灯光诱杀或堆火诱集，必要时安置黑光灯效果更好。此外，在茶园周围种植蓖麻，对成虫也有较好诱杀效果。发现中毒后要及时处置被麻痹的成虫，防其苏醒。

3）有条件的也可用白僵菌、蛴螬乳状菌进行土壤处理，也可收到很好效果。注意保护和利用赤黑脚土蜂、黑斑长腹土蜂、黑土蜂等天敌昆虫，进行生物防治。

第二节　茶树主要病害的防治

据报道，到目前为止，我国已发现茶树病害 100 多种，其中常见病害 30 余种。由于我国种茶历史悠久，茶区面积大，生态条件差异明显，各地茶树病害种类不尽相同。有些病害是普遍发生的，如茶云纹叶枯病、茶轮斑病等；也有些病害的发生表现一定的区域特点，流行模式也不一致，如华南茶区根腐病发生相对较重；安徽、湖南、江苏、浙江、云南和贵州等省的山区茶园，白星病的发生频率较高。茶树病害中，有些是叶部病害，有些是枝干部病害，还有一些是根部病害，其中叶部病害对生产具有最直接的影响。

一　茶饼病

【症状】　嫩叶上初发病为浅黄色或红棕色半透明小点，后渐扩大并下陷成浅黄褐色或紫红色的圆形病斑，直径为 2~10mm，叶背病斑呈饼状凸起，并生有灰白色粉状物，最后病斑变为黑褐色溃疡状，偶尔也有在叶正面呈饼状凸起的病斑，叶背面下陷。叶柄及嫩梢被感染后，膨肿并扭曲，严重时，病部以上新梢枯死。花蕾及幼果偶尔发病。

【病原】　病原是外担子菌，学名为 *Exobasidium vexans* Ma- ssee，属外担菌目外担菌科外担菌属。病斑背面隆起部分的白色粉状物为病菌的子实层。担子圆筒形或棍棒形，单胞、无色，长宽为（49~150）μm×（3.5~6）μm。顶生 2~4 个小梗，每个小梗上生一个担孢子。担孢子肾形，长椭圆形，单胞无色，长宽为（9~16）μm×（3~6）μm，成熟时产生一隔膜，变成双胞。茶饼病症状和病原，见图 11-14。

病原子实层　　　　症状　　担子及担孢子

图 11-14　茶饼病症状和病原

【发病条件】　以菌丝体潜伏于病叶的活组织中越冬和越夏。第二年春或秋季，平均气温在 15 ~ 20℃，相对湿度 85% 以上时，菌丝开始生长发育产生担孢子，随风、雨传播初侵染，并在水膜的条件下萌发，芽管直接由表皮侵入寄主组织，在细胞间扩展直至病斑背面形成子实层。担孢子成熟后又飞散传播进行再次侵染。一个成熟的病斑在 24h 内可产生近百万个担孢子，病菌寄生性强，当病组织死亡后，其中寄生的菌丝体也随之死亡。担孢子寿命短，2 ~ 3 天后便丧失萌发力，在直射阳光下，经 0.5 ~ 1h 即死亡。病害的潜育期长短也与气温、湿度和日照的关系密切。一般日平均气温为 19.7℃时，为 3 ~ 4 天；气温为 15.5 ~ 16.3℃ 时，需 9 ~ 18 天。山地茶园在适温高湿、日照少及连绵阴雨的季节，最易发病。西南茶区于 7 ~ 11 月，华东及中南茶区于 3 ~ 5 月和 9 ~ 10 月，广东海南茶区于 9 月中旬 ~ 第二年 2 月期间，都常有发生和流行。就茶园本身来说，低洼、阴湿、杂草丛生、采摘过度、偏施氮肥、不适时的台刈和修剪以及遮阴过度等，也利于发病。茶树品种间的抗病性有一定的差异，通常小叶种表现抗病，而大叶种则表现为感病，大叶种中又以叶薄、柔嫩多汁的品种最易感病。

【防治方法】 加强栽培管理，勤除杂草，适当增施磷、钾肥，以增强茶树抗病力。及时采茶，清除病原，减少病害。发病严重茶园冬季可用0.3~0.5波美度石硫合剂封园，早春用0.6%~0.7%石灰半量式波尔多液防治。

二 茶芽枯病

【症状】 茶树感病后，芽梢生长明显受阻，直接影响春茶产量和品质。主要为害春茶一芽1~3叶，叶上病斑先在叶尖或叶缘产生浅黄色或黄褐色，扩展后呈不规则形，病健边缘明显或不明显。芽尖受害呈黑褐色枯焦状，萎缩不能伸展。后期病部表面散生黑色细小粒点，叶片上以正面居多，感病叶片易破碎并扭曲。

【病原】 病原是*Phyllosticta gemmiphliae* Chen et Hu，属半知菌亚门，球壳孢目，叶点霉属真菌。病部小黑点为病菌的分生孢子器，球形至扁球形，褐色。分生孢子生于其内，椭圆形或卵圆形，无色，单胞，大小为（1.6~4）μm×（2.3~6.5）μm。主要分布于浙江、江苏、安徽、湖南等省。茶芽枯病症状和病原，见图11-15。

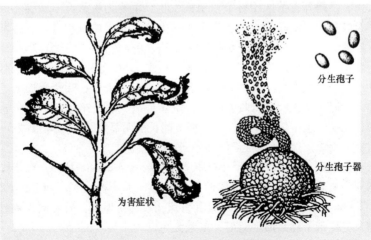

分生孢子

分生孢子器

为害症状

图11-15 茶芽枯病症状和病原

【发病条件】 以菌丝体或分生孢子器在老病叶或越冬芽叶中越冬。第二年3月底~4月初，当气温上升10℃左右，形成器孢子，在水湿中释放孢子，并进行传播，侵染幼嫩芽叶，经过2~3天后，产生新病斑，扩大蔓延。病菌发育的适宜温度范围为20~27℃。8~10℃低温条件下，病菌生长速度慢，但尚能正常生长。29℃以上，病菌生长受到抑制。因此，本病是一种低温病害，主要在春茶期发生。4月中旬~5月上旬，平均气温在15~20℃之间，发病最盛。6月以后，当气温上升至29℃以上时，病害停止发展。春茶由于遭受寒流侵袭，茶树抗病力降低，易于发病。品种间有抗病性差异，一般发芽偏早的品种，如碧云种与福丁种等发病较重；而发芽迟的品种，如福建水仙、政和等品种发病较轻。

【防治方法】

1）及时分批采摘，以减少侵染来源，可以减轻发病。做好茶园覆盖等防冻工作，以增强茶树抗病力，减少发病。

2）在秋茶结束后与春茶萌芽期，各喷药一次进行保护。

三 茶白星病

【症状】 又称点星病。安徽、福建、浙江、江西、湖南、四川、云南、贵州等省茶区均有茶白星病发生。主要为害嫩叶、嫩芽、嫩茎及叶柄，以嫩叶为主。嫩叶染病初生针尖大小褐色小点，后逐渐扩展成直径为1~2mm的灰白色圆形斑，中间凹陷，边缘具暗褐色至紫褐色隆起线。当湿度大时，病部散生黑色小点，病叶上病斑数达几十个至数百个，有的相互融合成不规则形大斑，叶片变形或卷曲。叶脉染病，叶片扭曲或畸形。嫩茎染病，病斑暗褐色，后成灰白色，病部也生黑色小粒点，病梢节间长度明显短缩，百芽重减少，对夹叶增多。严重的蔓延至全梢，形成梢枯。

【病原】 病原为茶叶叶点霉 *Phyllosticta theaefolia* Hara，属半知菌亚门真菌。分生孢子器球形至扁球形，大小为（32~80）μm×（32~80）μm，暗褐色，顶端具乳头状孔口，初埋生，后突破表皮外露。分生孢子椭圆形至卵形，单胞无色，大小为（3~5）μm×（2~3）μm。病菌在马铃薯葡萄糖琼脂培养基（PDA培养基）上培养48h后，长出白色菌丝，后变为黑色，上生许多小黑点，即病菌子实体。

菌丝生长温度为 2~25℃，适温为 18-25℃，高于 28℃则生长停止。光照利于病菌的生长和繁殖。茶白星病症状和病原，见图 11-16。

图 11-16　茶白星病症状和病原

【发病条件】　病菌以菌丝体、分生孢子器在病叶或病茎中越冬。第二年春茶树初展期，分生孢子器中释放出大量分生孢子，通过风雨传播，在湿度适宜时侵染幼嫩茎叶，经 1~3 天潜育，开始形成新病斑，病斑上又产生分生孢子，进行多次重复再侵染，使病害不断扩展蔓延。该病属低温高湿型病害，气温 16~24℃、相对湿度高于80% 易发病。气温高于 25℃则不利其发病。每年主要在春、秋两季发病，5 月是发病高峰期。高山茶园或缺肥贫瘠茶园、偏施过施氮肥易发病，采摘过度、茶树衰弱的发病重。

【防治方法】

1）分批采茶、及时采茶可减少该病侵染，减轻发病。

2）提倡施用酵素菌沤制的堆肥，增施复混肥料，以增强树势，提高抗病力。

四　茶云纹叶枯病

【症状】　为害叶片。新梢、枝条和果实上也可发生。老叶和成叶上的病斑多发生在叶缘或叶尖，初为黄褐色水浸状，半圆形或不规则形，后变褐色，一周后病斑由中央向外渐变灰白色，边缘黄绿色，形成深浅褐色、灰白色相间的不规则形病斑，并生有波状、云纹状轮纹，后期病斑上产生灰黑色扁平圆形小粒点，沿轮纹排列。嫩叶和芽上的病斑褐色、圆形，以后逐渐扩大，成黑褐色枯死。嫩枝发病后引起回枯，并向下发展到枝条。枝条上的病斑灰褐色，稍下陷，上生灰黑色扁圆形小粒点。果实上的病斑黄褐色，圆形，后成灰色，上生灰黑色小粒点，有时病部开裂。

【病原】　病原为山茶炭疽菌 Colletotrichum camelliae Massee，属半知菌亚门真菌。有性态为山茶球腔菌 Guignardia camelliae（Cooke）Butler，属子囊菌亚门真菌。子囊壳散生在病部两面，半埋生，球形至扁球形，黑色，大小为 160～200μm，孔口直径 7～18μm。子囊卵形或棍棒形，端圆，基部具小柄，大小为（40～66.5）μm×（9～18）μm，内含子囊孢子 8 个，排成 2 列。子囊孢子纺锤形，单胞无色，大小为（10～18）μm×（3～6）μm。无性态的分生孢子盘散生在寄主表皮之下，成熟时突破表皮外露，底部为灰黑色子座，大小为 187～290μm，内具刚毛和分生孢子梗，大小为（9～18）μm×（3～5）μm，分生孢子盘四周生刚毛，刚毛针状，基部粗，顶端渐细，暗褐色，具隔膜 1～3 个，大小为（40～70）μm×（3～5）μm。分生孢子梗短线状，单梗无色，大小为（9～19）μm×（3～3.5）μm，顶生 1 个分生孢子。分生孢子圆筒形或长椭圆形，两端圆或一端略粗，直或稍弯，单胞无色，内具 1 个空胞或多个颗粒，大小（10～21）μm×（3～6）μm。厚垣孢子球形，浅褐色，具油球 2～3 个。茶云纹叶枯病症状和病原，见图 11-17。

【发病条件】　病菌以菌丝体、分生孢子盘或子囊壳在树上病叶或土表落叶中越冬。第二年春在潮湿条件下形成分生孢子，靠雨水和露滴由上往下传播。病菌孢子萌发侵入后经 5～18 天形成新病斑。全年除冬季外，可多次重复侵染。越冬子囊壳形成子囊孢子迟，在杭州调查，子囊孢子要在 4、5 月才成熟并飞散。本病是一种高温高湿型病害，全年以 6 月和 8 月下旬～9 月上旬发生最多。树势衰弱，幼龄和台刈后的茶园以及遭日灼的叶片易于发病。大叶型品种一般表现感病。

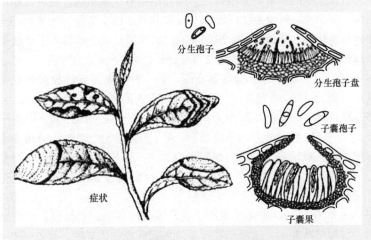

图 11-17　茶云纹叶枯病症状和病原

【防治方法】

1）建茶园时选择适宜的地形、地势和土壤。

2）因地制宜选用抗病品种。如龙井、福鼎、台茶 13 号、毛蟹、清明早、瑞安白毛茶、铁观音、福鼎白毫、藤茶、梅占、龙井群体种等较抗病。

3）秋茶采完后及时清除地面落叶并进行冬耕，把病叶埋入土中，减少第二年菌源。

4）施用酵素菌沤制的堆肥、生物活性有机肥或茶树专用肥提高茶树抗病力。

5）加强茶园管理，做好防冻、抗旱和治虫工作，及时清除园中杂草。

五　茶轮斑病

【症状】　又称为茶梢枯死病。分布在全国各产茶区。主要为害叶片和新梢。叶片染病，嫩叶、成叶、老叶均见发病，先在叶尖或叶缘上生出黄绿色小病斑，后扩展为圆形至椭圆形或不规则形褐色大病斑，成叶和老叶上的病斑具明显的同心轮纹，后期病斑中间变成灰白色，湿度大时出现呈轮纹状排列的黑色小粒点，即病原菌的子实体。嫩叶染病时从叶尖向叶缘渐变黑褐色，病斑不整齐、焦枯状，病斑正面散生煤污状小点，病斑上没有轮纹，病斑多时常相互融合致叶片大部分布满褐色枯斑。嫩梢染病尖端先发病，后变黑枯死，继续向下扩展引致枝枯，发生严重时叶片大量脱落或扦插苗成片死亡。

【病原】　病原为茶拟盘多毛孢，是一种半知菌亚门盘多毛孢属真菌。病斑上的黑色小粒点即病菌分生孢子盘，直径为 120 ~ 180μm，病部深黑色小粒点为病菌的分生孢子盘。其上生分生孢子梗，无色，丝状。分生孢子纺锤形，4 个分隔，5 个细胞，中间 3 个细胞黄褐色或暗褐色，两端细胞小而无色，顶端细胞生有 3 ~ 5 根刺毛，无色。初埋生在表皮下栅栏组织间，后突破表皮外露。分生孢子梗丛生，圆柱形。分生孢子纺锤形，多具 4 个隔膜，大小为（20 ~ 30）μm ×（6 ~ 8）μm，孢子顶部细胞具附属丝 3 根，基部粗，向上渐细，顶端结状膨大。该菌是我国茶轮斑病病原的优势种，此外还有 8 种。茶轮斑病症状和病原，见图 11-18。

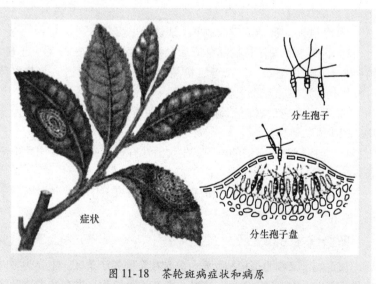

分生孢子

症状

分生孢子盘

图 11-18　茶轮斑病症状和病原

【发病条件】　病菌以菌丝体或分生孢子盘在病叶或病梢上越冬，第二年春条件适宜时产生分生孢子，从茶树嫩叶或成叶伤口处入侵，经 7 ~ 14 天潜育引起发病，产生新病斑，湿度大时形成子实体，释放出成熟分生孢子借雨水飞溅传播，进行多次再侵染。

【防治方法】

1）选用龙井长叶、藤茶、茵香茶、毛蟹等较抗病或耐病品种。

2）加强茶园管理，防止捋采或强采，要千方百计减少伤口。机采、修剪、发现害虫后及时喷洒杀菌剂和杀虫剂预防病菌入侵。雨后及时排水，防止湿气滞留，可减轻发病。

六 茶炭疽病

【症状】 主要为害成叶，也可为害嫩叶和老叶。病斑多从叶缘或叶尖产生，水渍状，暗绿色，圆形，后渐扩大成不规则形大型病斑，色泽黄褐色或浅褐色，最后变灰白色，上面散生小型黑色粒点。病斑上无轮纹，边缘有黄褐色隆起线，与健部分界明显。

【病原】 病部小黑点为病菌的分生孢子盘。分生孢子盘圆形，直径为 70～150μm，黑褐色，盘上无刚毛。分生孢子梗丛生在分生孢子盘上，短杆状，单胞，无色，顶生分生孢子。分生孢子纺锤形，两端尖锐，单胞，无色，内含数个油球，大小为 (3～6)μm×(2～2.5)μm。茶炭疽病症状和病原，见图 11-19。

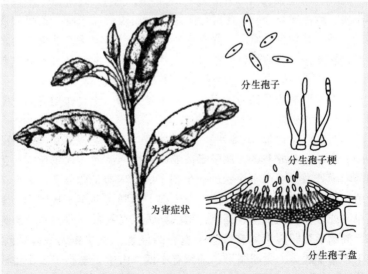

图 11-19 茶炭疽病症状和病原

【发病条件】 以菌丝体在病叶中越冬，第二年当气温上升至20℃以上，相对湿度为80％以上时形成孢子，主要借雨水传播，也可通过采摘等活动进行人为传播。孢子在水滴中发芽，侵染叶片，经过 5 ~ 20 天后产生新的病斑，如此反复侵染，扩大危害。温度25 ~ 27℃，高湿度条件下最利于发病。本病一般在多雨的年份和季节中发生严重。全年以初夏梅雨季和秋雨季发生最盛。扦插苗圃、幼龄茶园或台刈茶园，由于叶片生长柔嫩，水分含量高，发病也多。单施氮肥的比施用氮钾混合肥的发病重。品种间有明显的抗病性差异，一般叶片结构薄软、茶多酚含量低的品种容易感病。

【防治方法】

1）农业防治。加强茶园管理，提高茶树抗病力。

2）台刈更新，更换品种。对连年发病严重的老茶园可在春茶后采取台刈更新的办法来防治。将台刈下来的枝叶和地面落叶清出茶园并烧毁。台刈后的茶园要施足基肥，这样可有效地防治病害。病害严重、品质低劣的茶园，要更新换品种。

七 茶煤病

【症状】 主要为害叶片，枝叶表面初生黑色、近圆形至不规则形小斑，后扩展至全叶，致叶面上覆盖一层煤烟状黑霉，茶煤烟病有近十种，其颜色、厚薄、紧密度略有不同，其中深色茶煤病的霉层厚，较疏松，后期长出黑色短刺毛状物，病叶背面有时可见黑刺粉虱、介壳虫、蚜虫等。头茶期和四茶期发生重，严重时茶园污黑一片，仅剩顶端茶芽保持绿色，芽叶生长受抑，光合作用受阻，影响茶叶产量和质量。

【病原】 病原有多种，主要有茶新煤炱或浓色煤病菌 *Neocapnodium theae* Hara，属子囊菌亚门真菌。菌丝体浅褐色，从菌丝的隔膜处缢断后产生星状的分生孢子。分生孢子四分叉，无色至褐色，每个分权上具多个分隔。分生孢子器圆筒形至不规则形，生在单一或分枝的长柄上，褐色，顶部膨大，具孔口，器孢子单胞无色，椭圆形至卵圆形。有性态子囊壳圆柱状，顶端膨大，暗褐色，内生多个子囊。子囊卵圆形，基部有小柄，内生子囊孢子 8 个排成 2 列。子囊孢子椭圆形，初无色，后呈暗褐色，具隔膜 1 ~ 3 个。此外还有富特煤炱、中心煤炱、头状胶壳炱、山茶小煤炱、刺三叉孢炱、光壳炱等。茶煤病症状和病原，见图11-20。

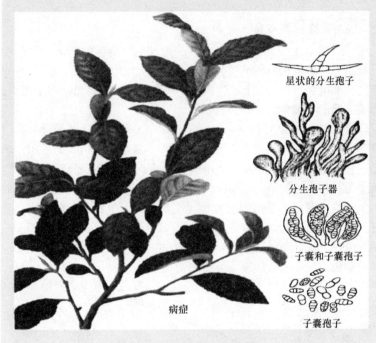

星状的分生孢子

分生孢子器

子囊和子囊孢子

病症

子囊孢子

图11-20　茶煤病症状和病原

【发病条件】　该菌多以菌丝体和分生孢子器或子囊壳在病部越冬。第二年春，在霉层上生出孢子，借风雨传播，孢子落在粉虱、蚧类或蚜虫分泌物上后，吸取营养进行生长繁殖，且可通过这些害虫的活动进行传播，以上害虫常是该病发生的重要先决条件，生产上管理粗放的茶园或荫蔽潮湿、雨后湿气滞留及害虫严重的茶园易发病。

【防治方法】

1）从加强茶园管理入手，及时、适量修剪，创造良好的通风透光条件；雨后及时排水，严防湿气滞留；千方百计增强树势，预防该病发生。

2）及时防治茶园害虫，注意控制粉虱、介壳虫、蚜虫等虫害，

是防治该病的积极有效措施之一。具体方法参见本章茶树害虫防治。

3）早春、晚秋非采茶期喷洒 0.5 波美度石硫合剂或 0.7% 石灰半量式波尔多液。

八 茶枝梢黑点病

【症状】 主要为害茶树枝梢，一般发生在当年生半木质化的红色枝梢上，初生灰褐色不规则形斑块，后向上下扩展，长 10～20cm，枝梢全部呈灰白色，其上散生圆形至椭圆形黑色略具光泽的小黑点，即病原菌的子囊盘。

【病原】 病原为 *Cenangium* sp.，是一种薄盘菌，属子囊菌亚门真菌。病部散生的黑色小点是病原菌的子囊盘，无柄，无子座，革质，黑色略具光泽，杯状，大小为 0.5mm。子囊直或稍弯，棍棒状，大小为（114～172）μm×24μm，内含子囊孢子 8 个。子囊孢子在子囊的上部排成双行，下部则为单行或交叉排列，单胞，无色透明，长椭圆形至梭形，有的稍弯曲，大小为（22～42）μm×（5.5～7.5）μm。侧丝生在子囊间，较子囊长，大小为（66～363）μm×（3.3～4.4）μm。茶枝梢黑点病症状和病原，见图 11-21。

图 11-21 茶枝梢黑点病症状和病原

【发病条件】 病菌以菌丝体和子囊盘在病部组织内越冬。第二年春条件适宜时产生子囊孢子，借风雨传播，侵染枝梢。3月下旬～4月上旬产生新子囊，5月中旬～6月中旬进入发病盛期。气温20～25℃，相对湿度高于80%利于该病发生和扩展。品种间抗病性有差异，发芽早的茶树品种易感病。

【防治方法】

1）选用抗病品种，如台茶12号。

2）及时剪除病梢，携至茶园外集中烧毁。发病重的要重剪，可有效地减少初侵染源，减轻发病。

3）采用高畦种植，合理密植；科学肥水管理，增强树势。

九 茶红锈藻病

【症状】 茶红锈藻病主要发生在广东、云南、海南茶区，近年安徽、浙江等省茶区也有发生。主要为害1～3年生枝条及老叶和茶果。枝条染病，初生灰黑色至紫黑色圆形至椭圆形病斑，后扩展为不规则形大斑块，严重的布满整枝，夏季病斑上产生铁锈色毛毡状物，病部产生裂缝及对夹叶，造成枝梢干枯，病枝上常出现杂色叶片。老叶染病，初生灰黑色病斑，圆形，略凸起，后变为紫黑色，其上也生铁锈色毛毡状物，即病原藻的子实体。后期病斑干枯，变为灰色至暗褐色。茶果染病，产生暗绿色至褐色或黑色略凸起小病斑，边缘不整齐。

【病原】 茶红锈藻病是病原藻类寄生引起的一种茶病，它跟栽培管理息息相关，凡茶树缺肥、管理不善、强采，造成长势变差时，就会引发本病的大量发生，茶农将其戏称为"饿鬼病"。华南地区发生非常普遍，云南大叶种受害严重，长势不良的三、四类茶园中茶株发病率几乎达到100%，发病后又加速茶树树势衰退，甚至大面积死亡。茶红锈藻病症状和病原，见图11-22。

【发病条件】 本病的病原是一种绿藻，病原藻以营养体在病组织上越冬，第二年春在适宜的温湿度条件下，发育成孢子囊梗和孢子囊，成熟的孢子囊散发出游动孢子，通过风、雨传播，落在茶枝或叶上，萌发出芽管侵入茎、叶组织，菌丝不断蔓延扩展深入，消耗寄主养分。病原藻侵入植物组织后，生长健壮的茶树能够在受侵染组织下方长出一层木栓化防护组织，阻止继续侵染。但长势衰弱

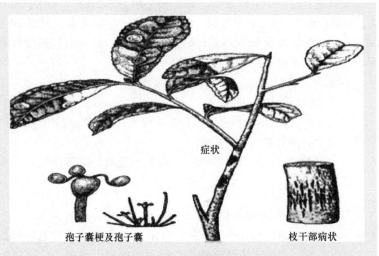

症状

孢子囊梗及孢子囊　　　　　　　　枝干部病状

图 11-22　茶红锈藻病症状和病原

的茶树则缺乏这种防护能力。因此一切导致茶树生活力下降的不良环境，都会引起红锈藻病的严重发生。诸如土壤缺肥、碱性、通气不良或有硬土层、遮阴不足、干旱、渍水、采摘过度等，都可能是造成茶树长势衰退，酿成红锈藻病严重发生的诱因。

【防治方法】

1）防止这种病发生，重点是加强茶园栽培管理，对树势衰弱的茶园实行深耕改土，增施有机肥，提高土壤肥力，以增强茶树抗病能力。

2）要搞好茶园灌溉、遮阴。对云南大叶种茶园，要种好遮阴树，但以间种山毛豆作为临时遮阴的茶园，不要让山毛豆生长超过两年，因为它是该病的中间寄主。

✚ 茶苗根结线虫病

【症状】　分布在全国各茶区，主要为害茶苗。多在 1~2 年生实生苗和扦插苗的根部发生，主根、侧根上生出瘦瘤状物，又称为虫瘿。大的似黄豆，小的似油菜籽，黄褐色，表面粗糙，有的几个瘦瘤聚在一起，须根少或无，病根畸形。扦插苗染病，病根多密集一团，组织疏松易折，地上部瘦小，叶片逐渐变黄，严重的落叶，造成全株枯死。

【病原】 病原为南方根结线虫 *Meloidogyne incognita* Chitwood 和花生根结线虫 *M. arenaria* Chitwood，均属植物寄生线虫。为害茶树的根结线虫，我国已发现 4 种，以上述 2 种为主。茶苗根结线虫病症状和病原，见图 11-23。

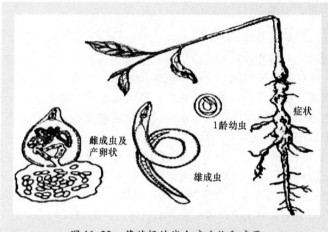

图 11-23 茶苗根结线虫病症状和病原

【发病条件】 以幼虫在土壤中或卵和雌成虫在根瘤中越冬。第二年春气温高于 10℃，以卵越冬的在卵壳内孵化出 1 龄幼虫，蜕皮进入 2 龄后从卵壳中爬出，借水流或农具等传播到幼嫩的根尖处，用吻针穿刺根表及细胞，由根表皮侵入根内，同时分泌刺激物致根部细胞膨大形成根结。这时 2 龄幼虫蜕皮变成 3 龄幼虫，再蜕 1 次皮成为成虫。雌成虫就在虫瘿里为害根部，雄成虫则进入土中。幼虫常随苗木调运进行远距离传播。土温 25～30℃，土壤相对湿度 40%~70% 适合其生长发育，完成 1 代需 25～30 天。生产中沙土常比黏土发病重。3 年以上茶苗转入抗病阶段。

【防治方法】

1）选择未感染根结线虫病的前茬地建立茶园，必要时先种植高感线虫病的大叶绿豆及绿肥，测定土壤中根结线虫数量。

2）种植茶树之前或在苗圃播种前，于行间种植万寿菊、危地马拉草、猪屎豆等，这几种植物能分泌抑制线虫生长发育的物质，减少田间线虫数量。

3）认真进行植物检疫，选用无病苗木，发现病苗，马上处理或销毁。

4）苗圃的土壤于盛夏进行深翻，把土中的线虫翻至土表进行暴晒，可杀灭部分线虫，必要时把地膜或塑料膜铺在地表，使土温升到45℃以上效果更好。

十一 茶苗白绢病

【症状】 发生在根颈部，病部初呈褐色斑，表面生白色棉毛状物，扩展后绕根颈一圈，形成白色绢丝状菌膜，可向土面扩展。后期在病部形成油菜籽状菌核，由白色转黄褐色至黑褐色。由于病菌的致病作用，病株皮层腐烂，水分、养分运输受阻，叶片枯萎、脱落，最后全株死亡。

【病原】 病原是一种担子菌亚门薄膜革菌属的真菌。菌丝体初无色，后稍带褐色，密集，形成菌核。菌核圆形，表面光滑、坚硬，黑褐色。在湿热条件下产生繁殖体，即担子和担孢子，但不常见，传病作用也不大。茶苗白绢病症状和病原，见图11-24。

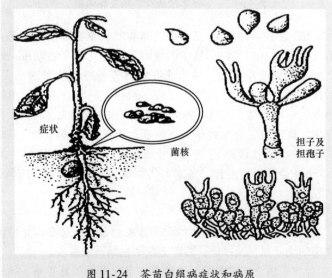

图11-24 茶苗白绢病症状和病原

【发病条件】　主要以菌核在土壤中或附于病组织上越冬，干燥条件下可存活 5～6 年。第二年春夏之交，温湿度适宜时萌发产生菌丝，沿土隙蔓延或随雨水、灌溉水、农具等进行传播，侵染幼苗根颈部进行危害。高温高湿有利于发病，以 6～8 月发生最盛。土壤黏重，酸度过大，地势低洼，茶苗长势差，以及前作为感病寄生地，病害发生严重。

【防治方法】
1）选择生荒地或非感病作物的地做苗圃。
2）注意茶园排水，改良土壤，促进苗木健壮，增强抗病力。
3）感病苗圃应及时清除病苗并进行土壤消毒。

十二　茶根癌病

【症状】　以扦插苗圃中常见，主侧根均可受害。病菌从扦插苗剪口或根部伤口侵入，初期产生浅褐色球形凸起，以后逐渐扩大呈瘤状，小的似粟粒，大的像豌豆，多个瘤常相互融合成不规则的大瘤。瘤状物褐色，木质化而坚硬，表面粗糙。茶苗受害后须根减少，地上部生长不良或枯死。

【病原】　茶根癌病菌为野杆菌属 [*Agrobacterium tumefaciens* (S. et T.) Conn.] 细菌。菌体短杆状，具 1～3 根极生鞭毛。在普通培养基上形成灰白色圆形菌落。发育适温为 25～29℃，致死温度为 51℃（10min）。在 pH 为 7.3 时发育最好。茶根癌病症状和病原，见图 11-25。

【发病条件】　根癌病菌在土壤或病组织中越冬。第二年环境适宜时，借水流、地下昆虫及农具传播危害。病菌从苗木伤口或切口处侵入，在组织内生长发育，刺激细胞加速分裂，产生癌瘤。

【防治方法】
1）严格苗木检查，防治地下害虫，减少根系伤口。
2）必要时，苗木可用 20% 石灰水浸根 10min 后再移栽。

十三　茶紫纹羽病

【症状】　分布于全国各茶区，但在华北和华东发生较普遍。此病主要发生于苗期及成株期，为害根部或根颈部，先是须根腐烂，

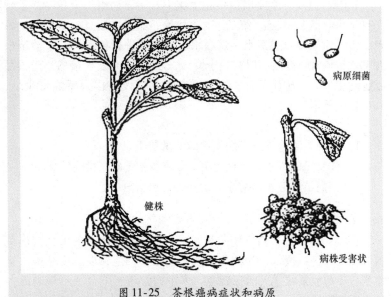

图 11-25　茶根癌病症状和病原

呈褐色或黑褐色，然后蔓延到侧根，腐烂后呈紫褐色，病斑表面布满紫色根状菌索，菌索上往往产生很多菌核。菌丝体常聚集成层，包绕在茶树根茎交界处，呈现紫色的绒状菌膜，其上着生许多担子和孢子；易剥落，根部皮层也易剥落，严重时地上部分萎蔫，新梢发芽减少，病株枯死。

【病原】　病原为 *Helicobasidium mompa* Tanaka，属担子菌亚门卷担菌属真菌。茶树细胞和组织内的菌丝体黄白色，在根部表面则呈紫红色。在雨季其上可产生白色粉状的担子层。担子无色，圆柱状或棍棒状，向一侧弯曲，3 个分隔，并在 4 个细胞上顶生 4 个小梗。小梗无色，圆锥形，每个小梗上着生 1 个担孢子。担孢子卵形或肾形，无色，单胞。病根表面的菌核半球形，紫红色，内部呈白色或黄褐色。病原菌在 8～35℃ 范围内均可生长发育，以 20～29℃ 为最适宜，生长最适 pH 为 5.2～6.4。茶紫纹羽病症状和病原，见图 11-26。

【发病条件】　一般在高温多雨的春夏之交或夏秋之交发病较重，凡地下水位高、排水不良、土壤过度干燥的茶园易发病。此病菌可

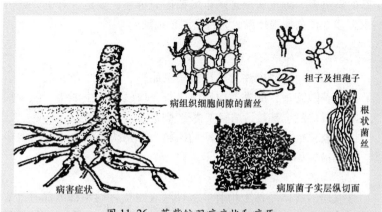

病组织细胞间隙的菌丝

担子及担孢子

根状菌丝

病害症状

病原菌子实层纵切面

图 11-26　茶紫纹羽病症状和病原

在土壤中存活多年，随农事操作、雨水、地下害虫及根部接触而传播蔓延，调运带菌的苗木和土壤时也可进行远距离传播，连作和前作感病的作物也易发病。

【防治方法】

1）选用无菌健苗。发现病苗及时挖除烧毁，工具用后洗净。

2）排水不良及水位高的茶园注意排水，涝前应挖好排水沟。

第三节　茶树病虫害综合防治技术

　　茶树病虫害防治是无公害茶叶生产过程的关键环节，贯彻预防为主、综合防治的植保方针，采取以农业防治为基础，生物防治为中心，化学防治为辅助手段的病虫害综合防治措施。综合防治措施是从整个茶园生态系统出发，以保护茶园生态系统中有害生物和益生物之间的种群平衡为目标，综合协调各种防治措施，充分发挥天敌的自然调控作用，必要时使用高效、低毒、低残留的化学农药，并科学用药。

一　植物检疫

　　通过检疫，防止外地有而当地没有的病虫害侵入，或当地有而外地没有的病虫害向外地蔓延的方法称为植物检疫，可防止当地发

第十一章　茶树病虫害防治

生新的病虫害，防止病虫害随苗木调运而传播、蔓延。对主要茶树病虫害建立预测预报体系，完善预测预报制度。

二 农业防治

在茶园田间管理中注意选用抗病虫品种，采取综合农艺技术措施，改善茶园管理，促进茶树健康生长，增强抗病虫能力，减少病虫来源，减低病虫基数，减轻茶树受害损失。

综合农艺措施既是常年增产的措施，又是防治病虫害的主要手段，主要措施如下：

1. 选择抗病良种

在栽培的群体品种中均有经济性状表现良好的单株或品种。它们不仅产量高，品质好，而且抗病虫害能力较强，应注意选择和繁育推广，充分发挥本地良种的优势。另外，注意选择引进与本地生态环境相近，抗病虫害能力较强的品种。新种植茶园要注意搭配不同无性系品种，尽可能避开单一品种大面积种植，以免使得茶树病虫害大面积发生。

2. 合理选地与种植

熟地、菜园地因病虫害种类较多，不宜作茶园苗圃或生产园，因宜发生根结线虫病。另外，茶园间作往往与某些病虫害的发生有关。如间作花生、猪屎豆、蚕豆可加重小绿叶蝉危害。有些果树害虫，如蚧类、刺蛾、蓑蛾、卷叶蛾也会危害茶树，故应注意间作和遮阴树的选择。

3. 加强茶园管理

1）深耕培土壅蔸。深耕可将表土和落叶中病虫的越冬虫卵、害虫、病原物等深埋土中，同时将土壤深层越冬的害虫暴露地面，既有利于改良土壤理化性状，又能使病虫失去生存条件而死亡。茶树壅蔸能增强茶树抗寒能力，同时使潜入根颈附近土层中的越冬病虫窒息死亡（开春之后，将蔸土松开）。茶园培土，可增厚土层、利于根系发育、茶树生长。同时，抑制杂草滋生和入土化蛹的害虫孵化出土。

2）除草。不仅可以消灭某些病虫的滋生场所，又能减少杂草与茶树争夺养分、水分，使通风透光、提高地力、促进茶树生长。

3）合理施肥。偏施氮肥可以促使茶树枝叶徒长，抗病力减弱，加重茶饼病、茶炭疽病的危害。增施磷、钾肥有利于提高茶树抗病力。不施肥料，茶白星病发生严重，高山茶园应特别注意。

4）注意排水。茶长绵蚧、膏药病、白绢病喜欢阴湿的环境。地下水位高或地势低洼、靠近水源（如塘、堰、水池）渗漏的茶园，要注意排水，以提高对病虫害的抑制作用。

5）合理采摘。茶树按标准留叶，分批多次采摘，既可提高茶叶产量和品质，又可降低小绿叶蝉、绿盲蝽、茶细蛾、卷叶虫、芽枯病、白星病等病虫害对嫩梢的危害。

6）合理修剪。对钻蛀性害虫，如茶梢蛾、茶蛀梗虫，及茶膏药病、苔藓、地衣等，可根据情况采用轻修剪或疏枝。对于严重感染病虫或衰老茶树，可进行重修剪或台刈，及时妥善地处理修剪的枝叶，树桩喷洒农药，辅之以肥培管理，使树势复壮更新。

三 生物防治

生物防治是指利用有益生物及其代谢产物来控制病虫害的方法。包括传统的天敌利用和昆虫不育，昆虫激素及植物提取液的利用，生物防治对人畜无害，不污染环境，对天敌、作物没有不良影响，而且效果持久，是病虫无公害防治管理的关键防治措施。其不足是选择性强，一种生物农药品种只能控制一种或者少数病虫，同时发挥作用易受环境条件的限制等。运用此种方法必须保护和利用天敌，如天敌包括病原微生物（病毒、细菌、真菌、原生动物和立克次体）、线虫、瓢虫、寄生蝇、捕食螨、蜘蛛、青蛙、鸟类等。

当本地的天敌自然控制力不足时，尤其是在病虫发生前期，需通过人工大量繁殖和释放天敌，方可取得良好的防治效果。可大量繁殖的天敌昆虫有赤眼蜂、草蛉、食虫瓢虫及农田蜘蛛、捕食螨（如植绥螨、大赤螨）等。另外，可大量繁殖病原微生物，并加工制成生物农药加以利用。目前，主要有：①细菌：以苏云金杆菌（Bt）最普遍，主要防治鳞翅目害虫的幼虫。②真菌：绿僵菌、青虫菌、白僵菌等。③昆虫病毒：主要有核型多角体病毒（如茶尺蛾 NPV）、颗粒体病毒（如茶小卷蛾 GV）等，其特点是寄主专一性强，且在自然界中滞留时间长，常能引起流行病。④农用抗生素：如多抗霉素、井冈霉素等对茶饼病、茶云纹叶枯病防治有效。

四 物理防治

人工捕杀或者直接、间接捕杀害虫，如人工采除茶饼病病叶；灯光诱杀成虫（图11-27，左图），利用昆虫趋光性进行灯光诱杀茶毛虫、卷叶蛾成虫等。此外，还可以利用色板诱杀（图11-27，右图）、糖醋诱杀、性诱杀等。

图11-27 茶树害虫物理防治方法

五 化学防治

根据预测预报，对个别茶树病虫害发生较严重的选用针对性较强的高效、低毒、低残留的农药进行防治，但农药使用的剂量方法、安全间隔要符合无公害茶园的要求。另外，春茶、夏茶、暑茶、秋茶各次使用的农药要轮换使用，不可长期使用一种农药，避免害虫产生抗药性，影响防治效果。

—第十二章—
茶树冻害及其防护技术

第一节 冻害的原因

一 气象因素

从气象因素分析，造成茶树冻害的原因，主要是冬季的低温、干旱和大风。其中低温是产生冻害的主要原因。调查研究结果表明，茶树冻害与1月平均气温和极端最低气温的高低，以及负积温大小和持续天数长短之间的关系最为密切。低温持续时间越长，引起的冻害越重。另外，随着气温的不断下降，地温也伴随着降低，直至结冰形成冻土。如果茶树根系长期处于冻土层中，会造成茶树根系对水分吸收运转困难，以至地上部脱水枯死，根系萎缩腐朽。

干旱和大风可加深冻害的发生程度。冬季土壤干旱缺水，茶树更易受冻，在大气相对湿度偏低，土壤又缺水的情况下，如果出现大风，短期内茶树即会出现青枯型冻害。

如果急剧降温，茶树也极易产生冻害，最常见的是霜冻。在北方茶区，如早霜过早降临（10月下旬以前），茶树正是由生长过渡到休眠的时期，此时气温骤然大幅下降，往往会造成较严重的枝干冻伤，甚至使整株死亡。在北方茶区，晚霜主要对设施栽培的茶园造成危害，发生在3月底~4月中下旬。此时设施栽培的茶芽已开始萌发或采摘，抗寒力低，如果遇晚霜，极易受冻，直接影响第一批春茶的产量和质量。

二 地理因素

通过近几年的观察，在北方茶区，低洼地、丘陵顶部、沙质土壤地易受冻害。丘陵顶部的降雪量多于平地，冬季风大；洼地由于冷空气沉积，冬季常出现浓霜。在这些地理位置上种茶，茶树极易产生雪冻和霜冻。沙质地导热不良，深层热量不易上传，遇到低温，易造成主干基部冻害。此外，背阴坡由于受大风和光照不足的影响，也易出现冻害。

三 茶园管理措施因素

茶园管理技术运用得当，可增强茶树长势，提高茶树抗寒能力，达到茶树安全越冬和减轻茶树冻害程度的作用；反之，如果措施不当，将会加重茶树冻害的发生和冻害程度。

四 品种和树龄因素

不同茶树品种的抗寒力有差异，表现为有的品种抗寒力较强，有的则较弱。

茶树受冻程度的轻重，与树龄的大小也有一定的关系。树龄越大，抗寒能力越强。

第二节 冻害种类及防护措施

一 冻害的种类

1. 根系冻害

根系发生冻害后，外部皮层已变为褐色，皮层与木质部分离，甚至脱落。地上部表现为春季萌芽晚或不整齐，有的冻害较轻，虽然能发芽抽梢，但生长缓慢，严重时抽出的新梢渐凋萎枯干。

2. 主干冻害

主要表现为干基冻害、主干破裂和枝杈受冻。干基冻害是幼龄茶树常常发生的一种冻害，主要在主干距离地表 8～10cm 发生冻害，轻则只有向阳面的皮层和形成层纵向开裂、变褐死亡，重则背阴面也死亡，形成一个死环，包围树干一周，使全株死亡。

3. 嫩枝冻害

停长较晚、发育不成熟的嫩枝，抗冻能力较弱，遭受冻害后，易干枯死亡。

4. 新芽冻害

在北方茶区，3月下旬~4月上旬，茶芽开始萌发，有的早生品种已到收获季节，若遭晚霜危害，轻则造成芽叶叶尖变红，重则造成成片芽叶焦枯，产生"麻点"现象，严重影响名优茶的产量和质量。

二 冻害的防护措施

1. 茶树冬季冻害的防治措施

茶树冻害预防，应从茶园建园规划时入手。根据当地气候条件，选择背风向阳地段建设茶园，避免在低洼地、风口处、海拔过高的山顶上建立茶园。茶园四周营造防护林带，以降低风速，阻挡寒流。茶树品种选用耐寒品种，栽植茶树时进行矮化密植，深挖种植沟，使畦高树低，树冠培养不宜过高。建成后的茶园要预防冻害，主要采取以下措施：

（1）品种选用　茶树品种间的抗寒力相差悬殊，抗寒力强的品种受冻害较轻，抗寒力弱的品种受冻害严重。一般大叶种抗寒力较弱，中小叶种抗寒力较强。因此，选用抗寒性较强的品种是解决茶树受冻害的根本途径，各品种的抗寒力大小是受茶树本身遗传特性决定的。从山东省引种的结果来看，引种的安徽、浙江、江苏、湖南、陕西等省的茶籽，经多年观察比较，证明安徽黄山群体种、浙江鸠坑种、福鼎大白种等在当地表现抗寒力较强。而在山东结实的地产茶籽，其长势和抗寒力更强。常有冻害发生的地区，在开辟新茶园时，对各品种抗寒力要做到心中有数，要选择抗寒力强的品种作为下期引种的对象，同时要特别注意选用当地产的抗寒力强的茶籽扩建新茶园，从而争取从根本上解决茶树受冻害问题。

（2）茶园铺草　铺草既可抗旱，又能防冻，每亩需铺1500~2000kg，选用稻草、杂草、修剪的茶树枝条等均可。铺草后的茶园地温可比未铺草的提高1~2℃，从而减轻冻土程度和深度，并可保持土壤水分，见图12-1。

图 12-1　茶园铺草

（3）覆盖防霜　对未扣棚的茶园在低温寒潮来临之前，用遮阳网等覆盖蓬面，然后在遮阳网上盖塑料薄膜或稻草、杂草；也可直接用玉米秸、稻草等盖在茶蓬上保护茶树，见图12-2。

图 12-2　茶园覆盖防霜

（4）喷肥防冻　在低幼龄茶树越冬前，用稀释后的沼液、那氏778、科翰抗逆增产剂、抗寒型喷施宝等对叶面喷雾 1~2 次，可明显提高其越冬抗寒能力。

（5）灌水保湿　在干旱年份，对土壤干旱的低幼龄茶园，抢在冬季低温、寒潮到来之前对茶园灌水（或浇施稀粪水），可提高茶园湿度，增大土壤热容量，明显减轻茶园冻害。

（6）**适当套种**　冬季在低幼龄茶树行间间套玉米、蚕豆、豌豆、萝卜等，可有效阻挡寒风，减轻幼龄茶树受冻。第二年将其提早收获（以不影响茶苗生长为度），还是很好的青绿饲料，见图12-3。

（7）**防风障**　冬季在风口处用玉米或草苫等搭建一道防风障，防风障顺着风向倾斜一定角度，可以有效地减少寒风对茶树或棚膜的吹袭，降低冻害，或在茶园地块四周用玉米秸做成围障防风，见图12-4。

图12-3　茶园套种玉米和黄豆

图12-4　茶园防风障

（8）**防护林**　防护林一般种在茶园周围、路旁、沟边、陡坡、山顶以及山谷岔口迎风的地方。防护林的树种要以高干树和矮干树相搭配，选择能适应当地气候条件、生长较快的和有一定经济价值的树木。一般采用杉树、油茶、桉树、油桐、乌桕、女贞、香樟、棕榈等作为防护林木。夏季日照强烈，常有"伏旱"发生的地区，还应在茶园梯坎和人行步道上适当栽种一些遮阴树。每亩种树10株以内，不可栽种过密，更不能种在茶行里，树冠应高出地面2.5m以上，以免妨碍茶树的生长（图12-5）。

图 12-5　茶园防护林

（9）熏烟防冻　在采取以上防冻措施基础上，若天气预报有强寒潮袭击时，应抢在寒潮到来前，准备易燃物，根据茶园地形、地貌、风向等，在适宜的方位设置烟堆。然后根据天气预报发出寒潮预报时间，将其全部点燃，使烟雾弥漫，利用烟雾形成的"温室效应"，减少夜间茶园热量的辐射与散失，进而有效减轻寒潮与霜冻对低幼龄茶树的危害。烟堆燃烧后的残留物又可以作为堆肥的材料，一举两得。烟堆的做法是：在平整的地面上插1个木桩，沿木桩周围堆积生烟物，如干杂草、稻草、麦秆、茶树修剪物、其他枯枝落叶、畜禽粪便等；生烟物堆积完成后，在其上面覆盖10~15cm的泥土即可。燃烧时，取出中间的木桩作为出烟口，点燃后烟雾从中间向外扩散，在茶园上空形成烟雾层。据测定，这种处理的最佳效果可以提高气温2℃左右。

（10）扣棚防冻　冬季通过扣棚提高棚内温度，保护茶树不受低温伤害，是目前最有效的防护措施，尤其是在冬季温度较低的茶区，扣棚是茶树安全越冬的有力保障。茶树扣的棚有不同种类，可根据当地的自然条件和茶农自身的经济实力选择较合适的类型。

1）小拱棚：采用竹片、钢筋等材料弯成弓形做骨架，上覆薄膜。棚高50~80cm，跨1~2排茶树，每隔120~140cm插设竹片1个，用麻绳固定。小拱棚搭建简单，造价低，但保温性能稍差，不便于进行田间操作。

棚膜不仅要透光好、抗拉压、抗老化，而且要不滴水。目前设施茶园多用0.05~0.1mm的无滴水PVC塑料薄膜，见图12-6。

2）中型拱棚：采用竹片、混凝土或钢材做结构，上覆薄膜。中型拱棚跨度大，高度在2m左右，保温性能好，扣棚期间可进入棚内

176

进行田间操作。扣棚时一定注意要在棚与薄膜接触面用布料等软材料包好，保护薄膜不被划破，见图12-7。

图 12-6　茶园小型拱棚

图 12-7　茶园中型拱棚

3）冬暖大棚：是保温效果最好的大棚，跨度大，最便于田间管理。不但保温效果好，还可在一定程度上提早采茶时间，创造更高的经济效益。冬暖大棚建材主要是混凝土和钢材，混凝土一般内有立柱，起支撑作用，钢架结构内部无立柱，更便于管理，但钢架结构造价更高，因此在选择上要根据性价比选择最适合自己的大棚结构（图12-8）。

4）不同扣棚模式投入与产出状况分析：不同扣棚模式的投入不同，产出也不同，最后带来的纯利润也不相同，各茶区要根据当地的自然条件和自身的经济实力合理选择扣棚模式，做到利润最大化。不同扣棚模式利润分析见表12-1。

图 12-8　茶园大棚

表 12-1　不同扣棚模式利润分析

扣 棚 模 式	投入/元	冻害情况	春茶收入/元	总收入/元	利润/元
不防护	0	较重	3200	5100	4100
常规防护（行间覆草、防风障等）	1500	较轻	4200	6500	5000
小拱棚	2000	无	5200	7800	5800
大拱棚	4300	无	9000	13500	9200
冬暖式大棚	6000	无	8500	12500	6500

　　茶园通过防护，综合效益好，投产早、品质好、价格高，净增加经济效益明显高于一般的露天茶园，在茶叶生产上具有较高的推广价值。但是，防护技术性要求较强，还需应用相关配套技术，体现早上加早的优势，如定时测定温湿度、及时控制温湿度、及时进行病虫害防治、适时覆盖及大棚的维护和拆除大棚等。大棚的高效益是建立在高技术基础上的，因此要保持大棚茶的优势，不断增加大棚茶经济效益，就要不断研发新的设施栽培配套技术，不断提高设施栽培技术水平。

　　2. 茶树倒春寒防冻措施

　　倒春寒在南北方茶园均有发生，是一种较常见的冻害。倒春寒轻则造成茶树芽叶焦灼，产生"麻点"现象，影响茶叶品质，重则造成成片已萌发的茶树芽叶焦枯，对茶园造成严重损失。生产上除以上冬季防护措施外，还可采取以下措施防冻。

（1）及时采摘　对已萌发的茶芽，在冻害来临前，及时组织人员上山采茶，减少损失。

（2）采取送风法　利用低温空气密度大于高温空气密度的原理，在茶园上方按一定密度安装风扇，当气温下降至将要出现霜害时，通过启动风扇使茶园小气候内的空气上下对流，控制树冠面附近气温下降，达到控制或减轻霜害的目的。但这种方法对于下雪天气的冰冻危害没有明显作用，且投资较大，国内应用较少（图12-9）。

图12-9　茶园风扇防冻

3. 茶树冻害的补救措施

茶树冻害虽可积极预防，但变化无常的气候有时防不胜防，因而冻害仍时常发生。茶树遭受冻害后，应及早采取补救措施，以减轻冻害造成的损失，尽快恢复茶树生机。

（1）清理积雪　大雪天气应及时清理积雪。对未扣棚茶园应及时清理茶树树冠积雪，茶树树冠积雪过厚会使茶树枝条断裂，尤其是雪后随即升温融化，融雪本身会吸收茶树体内和土壤中的热量，昼化夜冻，会使茶树部分细胞遭到破坏，加剧受冻、枯焦。对已扣棚的茶园应及时清理薄膜上的积雪，使棚内尽快得到阳光，提高棚内温度，并可防止大雪压断棚架结构。

（2）整枝修剪　整枝修剪是常用的补救措施之一。首先对于绿叶层受损、采摘面芽叶枯焦现象较为严重的茶园应进行适度深修剪，刺激芽叶萌发。对冻害程度较轻和原本有良好采摘面的茶园，采用轻修剪，清理冻害的蓬面，或用手工采摘掉倒春寒受冻的嫩芽。对受害较重的则应进行深修剪或重修剪，甚至台刈。

（3）及时浅耕施肥　冻害和修剪均对茶树有一定的创伤，为加快恢复树势，应及时进行浅耕施肥，对恢复茶树生机和茶芽萌发及新梢生长均有促进作用。重施春茶催芽肥，氮肥用量应比常年多二成左右；还应增施磷、钾肥，施用量为氮肥的 1/3 ~ 1/2。在茶树萌芽期受冻害的茶园，可在茶树鱼叶至一叶展开时，用 50kg 水加磷酸二氢钾和尿素各 150 ~ 200g 的混合液喷洒树冠。

（4）培养树冠 对受冻后茶树进行轻修剪，春茶采摘时应留一片大叶，夏、秋茶则按常规采摘，这样既有利于养好树冠，又可多采高档名优茶，减少因冻害造成的损失。对于受害较重的茶园，经过重修剪或台刈后，要不采春茶，少采夏秋茶，才能较快地培养树冠，恢复树势。

第十三章

茶高效栽培技术要点实例

茶叶起源于我国云贵高原地带，在其系统发育过程中形成了喜阴好湿、喜漫射光特性。高海拔地区植被茂盛、山高云雾多，因此湿度大、漫射光多，有近似其起源区生态特点的环境，利于茶树生长发育。茶区一般土层深厚、土壤肥沃、有机质含量高、日夜温差大，利于茶树光合物质的积累转化，具备了制出好茶的鲜叶原料基础。

实例一：山东茶栽培技术要点

1. 茶苗移栽

打好土壤基础，确保移栽质量，是建设平阳特早高效速成茶园的关键，总的要求是立地适宜、开沟吊槽、分层施肥、适时移栽、双行双株、踩紧浇透。

(1) 建园要求

1) 立地条件适宜：选择生态环境好，海拔在500m以下，土层深度在80cm以上，土壤呈酸性，有机质含量较丰富，坡度在25°以下的低丘缓坡建园，要求15°以上山坡做成水平梯地，梯地宽度115m（栽植1行），15°以下的缓坡建等高茶园。土壤全部开垦后按行距115m定好栽植行。茶园四周要修路和挖排水沟。

2) 开沟吊槽，分层施肥：仙寓早茶树根系发达，为促进根系深扎，确保茶树生长达到根深叶茂的要求，栽植行要开深50cm、宽60cm的沟，沟底施土杂肥或绿肥（亩施饼肥150kg、磷肥50kg），再覆土至 15cm 沟深，然后在沟内浇透水待栽。

（2）移栽时间 秋季与春季移栽均可，但要因地制宜。因平阳特早春茶 3 月上旬即开始萌动，必须在 2 月下旬~3 月初芽头萌动前移栽。春季移栽的茶苗由于根系生长需一段恢复期，因此地上部生长缓慢，同时春季气温忽高忽低，如果遇连续几天晴天高温天气，根系吸水慢，叶片失水快，茶苗很容易萎蔫甚至死亡。而深秋初冬（10~12 月）茶树地上部停止生长，根系生长旺盛，同时地温较高，有利于移栽茶苗根系恢复生长与储藏养分，促进第二年春季地上部早发快长，提高成活率，并能提早开采。因此，以深秋（10 月中下旬~11 月上旬）移栽为宜。

（3）起苗、运苗 起苗前一天，苗圃要浇透水，挖苗或拔苗时要尽量多带土，于当天运到移栽地点（一天运不到的可将茶苗根部沾黄泥浆），途中要避免风吹日晒。

（4）定植技术 双行双株，踩紧浇透。平阳特早茶树姿较直立，宜采用双行条栽，即在 60cm 宽，覆土施肥后 15cm 深的定植沟内栽 2 行茶苗（2 行间距 30cm，离沟边各 15cm），株距 0.33m，每穴 2 株茶苗（注意茶苗大小搭配，根颈处对齐），每亩栽苗 5300 株。移栽时将根系按原状展开，压 1 层土，用脚踩紧再浇定根水，然后再压 1 层土，再踩紧、浇水，一定要这样操作两次才能做到踩紧浇透，使苗根与土壤紧密结合，根颈处埋入土下 3~5cm。栽好后要用手轻提茶苗检查是否栽紧，如果茶苗提得动要及时补踩。在第二天再浇 1 遍水，然后覆 1 层松土，盖 1 层草，以减少水分散失和冬季保温。在移栽后半个月内如天气干旱无雨时，隔 1~2 天要浇 1 次透水，保持土壤湿润。

2. 苗期管理技术

搞好苗期管理，特别是移栽后头两年的各项技术措施，提高茶苗成活率，迅速扩大茶树冠幅，是建设平阳特早高效速成茶园，达到 1 年栽、2 年采、3 年单产超千元（元/亩）的重要保证。

（1）覆草与覆膜防冻 为使深秋移栽的茶苗安全越冬，常用的办法是覆草。移栽时没有覆草或覆草过少的，均要在严寒来临之前在茶苗四周盖 1 层 5~10cm 厚的干草（茶苗上部露在外面），这样可使地面温度提高 2 ~4℃，防止冻土抬苗，同时要覆盖越冬大棚。

（2）**除草追肥** 新建茶园特别是熟地易滋生杂草，与扎根不深、立足未稳的茶苗争夺水分和养分，因此，春夏季要经常浅耕除草，注意茶苗四周杂草只能用于轻拔，切不可等杂草长得很深盖住茶苗时再去锄或拔，那样极易伤茶苗或将苗带动，锄或拔的杂草晒干后覆盖在茶行边，可以保湿防旱，减少杂草滋生，增加土壤有机质。追肥第一年可用 1∶4 人粪尿（1 份人粪尿，4 份水），每月浇 1 次，也可每亩施尿素 5 ~7kg，秋冬季每年施饼肥 100kg 或其他农家肥。

（3）**定型修剪** 移栽后第一年，春茶后进行第一次定剪，定剪高度离地 15cm 左右，保持茶苗有 2 ~3 年分枝和一定数量的新叶；秋季（10 月）或第二年春茶后茶苗生长高度达 40cm 左右进行第二次定剪，定剪高度离地 30 ~35cm，第二年秋季进行第三次定剪，定剪高度离地 45 ~50cm。秋季剪下的枝条可用于扦插育苗。

（4）**合理间作** 2 行茶苗中间间作 1 行矮秆作物如黄豆、马铃薯、太子参等，对茶苗生长有益无害，但不能种与茶苗争水争肥、枝叶繁茂过度遮蔽茶苗的高秆作物如玉米、油菜等，否则就会严重妨碍茶苗生长，降低成活率，延迟成园与开采。

（5）**防治病虫害** 熟地建园或老茶园换种改植易发生白绢病和炭疽病，可用五氯硝基苯拌细土撒于土表或喷洒甲基托布津、多菌灵 1000 倍液防治。夏秋季如果发生小绿叶蝉等虫害，及时喷施 1000 倍液乐果。

（6）**缺株补植** 对因各种原因而死亡的缺株，应在栽后 1 年内及时补植，保证全苗（5000 株/亩左右）。

（7）**打顶与采摘** 秋季移栽的茶苗，栽后第二年春茶可开始打顶采，但打顶采摘的目的是抑制顶端优势，促进侧芽萌发，增加分枝，扩大冠幅。因此，打顶采必须掌握"采高不采低，采中不采边"的原则，在茶树经过 3 次定型修剪、高度达 50cm 时，才能开始正常采摘，一般夏季留一叶采，秋季留养不采。

实例二：山东茶树种子繁殖技术要点

茶树种子繁殖既可直播又可育苗移栽。历史上最早是采用直播，其能省略育苗与移栽工序所耗的劳力和费用，且幼苗生活能力较强。育苗移栽可集约化管理，便于培育，并可选择壮苗，使茶园定植的苗木较均匀。茶树采用种子繁殖，主要应抓好以下几点。

1. 种园管理

要获得质优、量大的茶籽，就必须抓好对采收茶籽茶园的管理，促进茶树开花旺盛、坐果率高且种子饱满。

2. 适时采收和妥善储运

茶籽质量的好坏、生活力的高低与茶籽采收时期及采收后的管理、储运关系密切。适时采收，其物质积累多、籽粒饱满而发芽率高，苗生长健壮。茶籽采后若不立即播种，则要妥善储存（在5℃左右，相对湿度60%～65%，茶籽含水率30%～40%条件下储存），否则茶籽易变质而失去生活力。茶籽若运往其他地区，要做好包装，注意运输条件，以防茶籽劣变。

3. 播种前处理

将经储藏的茶籽在播种前用化学、物理和生物的方法，给予种子有利的刺激，促使种子萌芽迅速、生长健壮、减少病虫害和增强抗逆能力等。

4. 细致播种

由于茶籽脂肪含量高，且上胚轴顶土能力弱，故茶籽播种深度和播籽粒数对出苗率影响较大。播种盖土深度为3～5cm，秋冬播比春播稍深，而沙土比黏土深。以穴播为宜，穴的行距为15～20cm，穴距10cm左右，大行距150cm，每穴播茶籽大叶种2～3粒，中小叶种3～5粒。播种后要达到壮苗、齐苗和全苗，需做好苗期的除草、施肥、遮阴、防旱、防寒害和防治病虫害等管理工作。

5. 苗期管理

此期的管理方法可参考本章实例一中的相关内容。

附录　常见计量单位名称与符号对照表

量的名称	单位名称	单位符号
长度	千米	km
	米	m
	厘米	cm
	毫米	mm
面积	公顷	ha
	平方千米（平方公里）	km^2
	平方米	m^2
体积	立方米	m^3
	升	L
	毫升	mL
质量	吨	t
	千克（公斤）	kg
	克	g
	毫克	mg
物质的量	摩尔	mol
时间	小时	h
	分	min
	秒	s
温度	摄氏度	℃
平面角	度	(°)
能量，热量	兆焦	MJ
	千焦	kJ
	焦［耳］	J
功率	瓦［特］	W
	千瓦［特］	kW
电压	伏［特］	V
压力，压强	帕［斯卡］	Pa
电流	安［培］	A

参 考 文 献

［1］中国农业科学院茶叶研究所. 中国茶树栽培学［M］. 3版. 上海：上海科学技术出版社，1984.

［2］中国农业百科全书总编辑委员会茶业卷编辑委员会，中国农业百科全书编辑部. 中国农业百科全书［M］. 北京：农业出版社，1988.

［3］胡海波，姚国坤. 浙江省茶叶大面积丰产实践及其主要技术指标的分析［J］. 茶叶科技简报，1978（10）：1-13.

［4］许允文. 土壤吸力与茶树生长［J］. 中国茶叶，1980（4）：11-14.

［5］李秀峰，李云. 茶树栽培中土壤酸碱度改良的研究进展［J］. 茶业通报，2009，31（4）：156-157.

［6］童启庆. 茶树栽培学［M］. 3版. 北京：中国农业出版社，2000.

［7］廖万有. 我国茶园土壤的酸化及其防治［J］. 农业环境保护，1998，17（4）：178-180.

［8］林智，吴洵，俞永明. 土壤pH值对茶树生长及矿质元素吸收的影响［J］. 茶叶科学，1990，10（2）：27-32.

［9］曹绪勇. 硫黄调酸 茶园增产［J］. 农家顾问，2001（11）：32.

［10］董德贤，袁芳亭，罗雪兵. 硫酸铝和硫酸酸化拟建茶园土壤的初步研究［J］. 茶叶科学，1996，16（2）：111-114.

［11］罗敏，宗良纲，陆丽君，等. 江苏省典型茶园土壤酸化及其对策分析［J］. 江苏农业科学，2006（2）：139-142.

［12］徐楚生. 茶园土壤pH近年来研究的一些进展［J］. 茶业通报，1993（3）：1-4.

［13］马立锋. 重视茶园土壤的急速酸化和改良［J］. 中国茶叶，2001（4）：30-31.

［14］易杰祥，吕亮雪，刘国道. 土壤酸化和酸性土壤改良研究［J］. 华南热带农业大学学报，2006，12（1）：23-28.

［15］姜军，徐仁扣，李九玉，等. 两种植物物料改良酸化茶园土壤的初步研究［J］. 土壤，2007，39（2）：322-324.

［16］朱江. 农用矿物在茶园土壤改良中的应用［J］. 茶业通报，1999，21（2）：14-15.

［17］吴志丹，尤志明，江福英，等. 生物黑炭对酸化茶园土壤的改良效果

[J]. 福建农业学报, 2012, 27 (2)：167-172.

[18] 潘根兴, 张阿凤, 邹建文, 等. 农业废弃物生物黑炭转化还田作为低碳农业途径的探讨 [J]. 生态与农村环境学报, 2010, 26 (4)：394-400.

[19] 吴全, 陆锦时, 邬秀宏. 茶树专用肥在四川茶区应用效果研究 [J]. 茶树专用肥, 1997 (4)：12-13.

[20] 韩效钊, 刘文宏, 汪贵玉, 等. 茶园测土配肥及其叶面营养调理研究 [J]. 安徽农业科学, 2008, 36 (2)：642-643.

[21] 胡维军, 傅红先, 侯君合, 等. 茶园专用有机液体肥应用效果试验 [J]. 山东农业科学, 2007 (5)：78-80.

[22] 严小海, 蓝锡俊. 茶树树冠的培养与修剪 [J]. 种植园地, 2007 (2)：19.

[23] 翟云明, 杨铭伟, 张献斌. 茶树机剪机采试验 [J]. 经济植物, 2007 (8)：30.

[24] 皮德蓉. 浅谈茶树的合理修剪 [J]. 四川农业科技, 1997 (6)：36-37.

[25] 力生. 谈谈对茶树修剪的认识 [J]. 中国茶叶, 1974 (2)：13-14.

[26] 谢兆传. 茶树修剪 [J]. 茶叶, 1987 (4)：45-46.

[27] 姚国坤. 谈谈茶树修剪 [J]. 中国茶叶, 1985 (5)：15.

[28] 谢应南. 浅谈茶树修剪技术 [J]. 茶叶科学技术, 2005 (4)：37.

[29] 罗林钟. 茶树的合理修剪 [J]. 西南园艺, 2003, 31 (3)：48.

[30] 培基. 茶树定型修剪技术 [J]. 茶叶通讯, 1992 (4)：45-46.

[31] 谭济才. 茶树病虫防治学 [M]. 北京：中国农业出版社, 2008.

[32] 傅月苗. 茶树病虫防治的几点体会 [J]. 中国茶叶, 2011 (2)：17.

[33] 程文凤. 茶树病虫无公害防治技术 [J]. 现代农业科技, 2010, 16 (7)：177-178.

[34] 钟明跃, 吴兴平, 梁平杨. 茶树病虫的综合防治 [J]. 四川农业科技, 1988 (6)：41.

[35] 陈雪芬. 我国茶树病虫发生防治的现状与展望 [J]. 中国茶叶, 1985 (4)：16-17.

[36] 陈宗懋. 我国茶树病虫发生与防治的现状与问题 [J]. 植保技术与推广, 1993 (3)：17-18.

[37] 张贱根. 茶树冻害的发生与预防补救措施 [J]. 桑蚕茶叶通讯, 2006 (1)：36-37.

［38］黄玉红，李新荣，许政良. 防止茶树和果树"倒春寒"的技术措施［J］. 现代园艺，2008（1）：32-33.

［39］许政良. 茶果倒春寒须慎防［J］. 科学种养，2008（2）：19.

［40］骆耀平. 茶树冻害的发生及防御［J］. 中国茶叶，2008（1）：30-31.

［41］张玉翠，王连翠. 北方无公害大棚茶生产技术［J］. 有机农业与食品科学，2004，20（3）：72-73.

［42］夏良茶，汤维斌. 茶树塑料大棚栽培技术［J］. 茶叶通报，2003，25（3）：116-117.

［43］郎华钢. 茶园保护地高效栽培技术［J］. 作物栽培，2005（12）：10.

［44］许乃新. 塑料大棚茶园的栽培效应研究［J］. 安徽农业科学，1999，（2）：184-185.

［45］刘初生，梁月超，陈佳. 低产茶园改造技术研究［J］. 现代农业科技，2010，24（11）：96-98.

［46］王强，王馨，王清. 浅谈低产茶园改造的技术措施［J］. 四川农业科技，2011（10）：29.

［47］叶玉萍. 低产茶园改造的主要技术措施［J］. 广东茶业，2009，10（8）：31-32.

［48］姚元涛，王长君，田丽丽，等. 山东无性良种茶园抗旱与节水灌溉技术［J］. 山东农业科学，2013，45（6）：110-111.

［49］张翠玲，胡维军，刘学才. 几个适制扁茶的无性系茶树品种引种试验［J］. 山东农业科学，2009（3）：51-54.

书 目

 ISBN：978-7-111-55670-1
定价：59.80元

 ISBN：978-7-111-55397-7
定价：29.80元

 ISBN：978-7-111-57789-8
定价：39.80元

ISBN：978-7-111-47467-8
定价：25.00元

ISBN：978-7-111-57263-3
定价：39.80元

ISBN：978-7-111-46958-2
定价：29.80元

ISBN：978-7-111-56476-8
定价：39.80元

ISBN：978-7-111-46517-1
定价：25.00元

ISBN：978-7-111-56047-0
定价：25.00元

ISBN：978-7-111-52935-4
定价：29.80元